아이와 함께

쿠알라룽푸르 한 달 살기

#1 쿠알라룽푸르 한 달 살기 준비하기

1. 거주 지역 정하기

2. 국제학교 vs 사설 어학원

3. 숙소 예약하기

4. 쿠알라룸푸르 한 달 살기 준비물

   Tip : 해외 사용 카드 소개 및 ATM 사용 시 주의 사항

2 아이와 함께하는 쿠알라룸푸르 일상

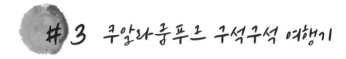

#3 쿠알라룽푸르 구석구석 여행기

#1 쿠알라룸푸르
한 달 살기 준비하기

1. 거주 지역 정하기

한 달 살기를 계획하고 가장 먼저 해야 할 일은 거주 지역을 정하는 일이다. 쿠알라룸푸르는 지역마다 특색과 장단점이 달라서 그 가족이 더 중요하게 생각하는 가치에 따라 지역을 결정할 수 있을 것이다.

그 도시의 매력을 흠뻑 느끼고 싶다면 도시 중심인 'KLCC'나 '부킷 빈탕(Bukit Bintang)' 지역을 숙소로 정하고 그 지역 내에서 국제학교나 어학원을 고를 수 있을 것이다. 이 지역에는 현지인이나 외국인이 운영하는 대형 어학원들이 많아서 아이뿐 아니라 성인들도 원하는 수업을 신청하여 공부할 수 있다. 이곳에서는 다양한 나라의 학생들이 모이기 때문에 좀 더 국제적인 환경에서 영어를 배울 수 있고, 여러 관광지를 손쉽게 다닐 수 있어 해외에서 살아보는 기분을 가장 생생하게 경험해 볼 수 있다. 요즘은 어학뿐만 아니라 문화적인 체험을 중요시 여기는 가족들이 많아서 도심에서의 한 달 살기도 매우 인기가 많다.

한편 생활 편의성과 거주지의 안정성이 중요하다면 한인 타운이 더 적합할 것이다. 쿠알라룸푸르에는 대표적인 한인 타운 '암팡(Ampang Jaya)'과 '몽키아라(Mont Kiara)'가 있는데, 이 두 곳에서는 국제학교는 물론 한국인이 운영하는 어학원까지 선택의 폭이 넓고 한국 교육 과정을 위한 사교육도 가능하므로 한인 타운에서의 한 달 살기를 선호하는 사람들이 점점 많아지고 있다.

　전통 있는 한인 타운 암팡은 쿠알라룸푸르 중심지에서 동쪽으로 약 5km 떨어진 곳에 위치하고 있으며 차량으로 약 20분이 소요된다. 이곳에는 한국을 포함한 약 30개국의 대사관이 모여 있어 치안이 좋고, 다양한 국적의 사람들도 만날 수 있다는 장점이 있다. 또한 학비가 저렴하면서도 교육의 질이 높기로 유명한 '세이폴 국제학교(Sayfol International School(SIS))', '페어뷰 국제학교(Fairview International School(FIS))'와 명문 학교인 '쿠알라룸푸르 국제학교(The International School of Kuala Lumpur(ISKL))'가 근처에 있어 국제학교 선택의 폭이 넓고, 원조 한인 타운답게 한국인을 위한 다양한 편의 시설과 한국식 종합반 학원이 있다.

몽키아라는 새롭게 형성된 한인 타운으로 쿠알라룸푸르 중심지에서 서쪽으로 약 6km, 차량으로는 약 20~30분 정도 소요되는 지역에 위치하고 있다. 몽키아라는 십여 년 전까지만 해도 개발되지 않은 산과 숲이었는데, 지금은 고급 콘도와 대형 쇼핑몰들이 들어서서 세련된 신도시의 모습으로 바뀌었다. 또한 다른 지역에 비해 교통 체증이 심하지 않고 대부분 신축 건물이어서 현재는 한국인을 비롯한 외국인들이 선호하는 지역 중 하나가 되었다. 몽키아라 지역도 인기가 많은 명문 국제학교와 한국 교육 과정을 이어갈 수 있는 한국식 학원들이 많아 이 점 역시 많은 한국인들이 몽키아라로 모이게 되는 이유로 작용하고 있다. 몽키아라의 국제학교로는 미국식 학제인 '몽키아라 국제학교(Mont Kiara International School(MKIS))'와 전통 있는 명문 학교 '가든 국제학교(Garden International School(GIS))', 그리고 인근의 데사파크에 위치한 '파크시티 국제학교(International School Parkcity(ISP))'가 있다. 하지만 이 학교들은 단기 스쿨링(Short-term Study Program)이 불가능하고 일부 학교는 거주 비자를 소지한 학생만 입학할 수 있어서, 한 달 살기에서 국제학교를 경험하고 싶다면 셔틀버스를 타고 25분 이상 걸리는 학교로 통학해야 한다는 단점이 있다.

요즘은 한국에서 파견된 주재원이나 사업을 위해 말레이시아에 거주하는 한국인들이 암팡보다 몽키아라에 많이 거주하기 때문에 한국식 학원도 몽키아라에 더 많이 생기고 있다. 또한 한인 유학원에서도 몽키아라의 한인 어학원 프로그램과 숙박 시설을 함께 패키지로 구성하여 판매하고 있어 한국의 방학 기간 동안 이곳에서 한 달 살기를 하는 가족이 늘어나는 추세이다.

　물론 암팡이나 몽키아라같은 한인 타운에서 거주한다면 주변 시설이나 엄마의 여가 생활 같은 면에서 편리한 점이 많고, 한인 커뮤니티를 통해 여러 가지 정보를 얻을 수 있다는 장점이 있다. 하지만 한국인이 많아서 아이의 어학 실력 향상이 다소 느릴 수 있고 해외 생활의 낭만을 느낄 수 없다는 단점도 고려해야 할 것이다.

　마지막으로 아이가 등록한 국제학교 인근에서 거주하는 방법이 있다. 일반적으로 교통이 편리하고 유명한 국제학교는 단기 스쿨링 프로그램을 제공하지 않고 있어서, 단기 스쿨링을 원하는 학생들은 도시 외곽에 있는 국제학교에 등록하는 경우가 많다. 이런 경우 인근 한인 타운에 거주하며 셔틀버스를 타고 통학할 수도 있지만 아이의 통학 시간을 최우선으로 고려해서 국제학교 인근에 거주하는 방법도 선택할 수 있을 것이다.

나는 쿠알라룸푸르 한 달 살기를 계획하면서 처음에는 한인 타운에 거주하면서 도시 외곽에 위치한 국제학교에 아이를 보내려고 등록을 준비했었다. 분명 구글 지도에는 25분 걸리는 거리였고 몽키아라까지 셔틀버스가 있어서 별 어려움이 없어 보였다. 하지만 지인의 도움으로 실제 소요 시간을 알아보니 통학 시간에 차가 막혀 편도로 약 40분 정도가 걸리고 있었다. 이제 막 학교에 들어간 1학년 아이에게 왕복 1시간 이상의 통학은 무리일 것 같아서 그 국제학교의 인근 지역에 거주하는 것에 대해 고민도 해봤지만 결국 계획을 바꾸게 되었다.

　도시 외곽의 국제학교 인근에 거주할 경우 한인 타운이나 시내 중심에 비해 거주비가 저렴한 대신, 한국인 편의 시설이 부족하고 정보가 부족한 단점이 있다. 하지만 현지인들과 소통하면서 더 많은 해외 경험을 쌓을 수 있고 언어 실력을 빠르게 향상할 수 있는 장점도 있을 것이다.

2. 국제학교 VS 사설 어학원

　초등학생 자녀와 함께 한 달 살기를 계획한다면 가장 고민되는 부분이 바로 교육 기관일 것이다. 한 달 살기에 도전하는 가족은 해외에서 머무는 동안 이곳에서만 할 수 있는 다양한 경험을 아이에게 해주고 싶어서 여러 나라의 아이들이 모이는 국제학교를 우선적으로 고려하는 경우가 많다. 하지만 한 달 동안 국제학교에서 단기 스쿨링을 하는 것은 사실상 쉬운 일이 아니다.

　국제학교 관계자에 따르면 단기 스쿨링은 입학을 희망하는 학생에게 학교 수업을 청강해 보고 결정하라는 취지에서 만들어진 프로그램이라고 한다. 하지만 최근 '한 달 살기'가 인기를 끌고 단기 스쿨링이 가능한 학교들이 입소문을 타게 되면서 애초 취지와는 다른 '여행지에서의 특별한 체험 프로그램'으로 소문이 나게 되었다. 하지만 상식적으로 생각해봐도 청강생이 자주 오가는 학교는 정규 학생들의 교육의 질이 떨어질 수 있고 학부모들에게서 컴플레인이 들어올 수 있기 때문에 재학생 관리를 최우선으로 생각한다면 청강생을 무분별하게 받을 순 없을 것이다. 이런 이유로 몇몇 국제학교에서만 재정 보충이나 정식 입학을 유도하기 위한 수단으로 단기 스쿨링 학생을 허가해주고 있는 실정이다.
　하지만 유학원들의 광고를 보면 '명문 국제학교에서 다양한 나라의 아이들과 함께 수업을 들을 수 있다'라는 문구를 쉽게 찾아볼 수 있다. 이런 경우 무조건 유학원의 말을 무조건 믿을 것이 아니라 어느 학교에서 어떤 프로그램으로 단기 스쿨링을 운영하는지 세부 내용을 면밀하게 살펴봐야 할 것이다.

　가장 흔한 케이스는 특정 유학원에서 국제학교와 제휴하여 만든 방학 스페셜 프로그램이다. 이런 프로그램은 보통 방학 기간 동안 국제학교의 교실을 빌려 유학원에서 고용한 선생님들과 함께 캠프 형식으로 진행되는 경우가 많다. 학기 중에 운영되는 프로그램은 유학원에서 모집한 학생들끼리 한 반을 구성하여 제휴된 국제학교의 교실에서 영어 집중 수업을 듣고, 일주일에 2~3시간씩 정규반에 들어가서 청강을 하는 경우가 많다. 이런 프로그램은 국제학교도 체험하면서 영어도 집중적으로 공부할 수 있고, 더불어 유학원에서 케어도 해주고 있어서 초등학생 부모들에게 인기가 많다. 하지만 이런 프로그램은 보통 학교와 숙소, 차량을 함께 패키지로 구성하고 있어서 국제학교에 다니면서 다양한 국적의 아이들과 교류하기보다 그 유학원에서 관리하는 학생들끼리 함께 다니는 경우가 많다. 그래서 영어 실력이 생각만큼 향상되지 않을 수도 있고 비용도 매우 높은 편이다.

　두 번째 케이스는 잘 알려지지 않은 국제학교에서 단기 스쿨링을 운영하는 경우이다. 현재 쿠알라룸푸르에는 인가받은 국제학교만 약 110개이다. 이 중에서 국제적인 수준에 걸맞는 커리큘럼을 갖추고 학생들을 해외 대학으로 진학시킬 수 있는 국제학교는 약 20~30개 정도에 불과하고, 나머지는 로컬 학교에서 외국인 교사를 충원하고 국제 인증 커리큘럼을 도입해서 국제학교로 나아가고 있는 단계의 학교이다. 이런 학교들에서 한국인 전담 직원을 고용하거나 유학원과 제휴하여 단기 스쿨링을 운영하는 경우가 있는데, 학생 구성이나 원어민 선생님의 수, 커리큘럼 면에서 우리가 생각하는 국제학교와는 동떨어져서 만족도가 낮은 경우가 많다.

세 번째 케이스는 유명한 국제학교에서 입학비, 등록비를 할인해 주는 프로모션이다. 사실 국제학교에서 '단기 스쿨링' 이름으로 공식적인 프로그램을 운영하는 경우는 드물다. 아마도 앞에서 설명했듯이 재학생들의 불만을 우려해서일 것이다. 그 대신 학비의 큰 부분을 차지하고 있는 초기 비용, 즉 입학비와 등록비를 할인 또는 면제해 주는 프로모션을 비정기적으로 진행하는데, 이런 조건은 단기 학생들이 들어올 수 있게끔 문턱을 낮춰주기 때문에 비공식적으로 '단기 스쿨링'을 운영하는 것으로 보고 유학원에서 홍보를 하는 것이다. 특히 코로나 기간 동안 본국에 돌아간 학생들이 많아 재정이 힘들게 되자 평소에 프로모션을 하지 않았던 콧대 높은 학교들마저 입학비, 등록비 할인 프로그램을 내건 적도 있었다. 지금도 몇몇 학교에서 이런 프로모션을 공개 또는 비공개적으로 진행하고 있는데, 이런 프로모션을 통하면 초기 비용 부담 없이 한 학기(1term, 보통 10주) 학비만 내고 국제학교에서 정규 수업을 들을 수 있기 때문에 단기로 거주하는 사람들에게 매우 유리한 프로그램이라고 할 수 있다. 하지만 한 달 살기 가족에게는 한 학기 비용을 지불하고 한 달만 다니는 셈이어서 비용면에서 조금 아쉬움이 있다.

이런 프로모션은 학교 홈페이지에 공식적으로 오픈된 경우도 있지만 제휴 유학원을 통해서만 비공개적으로 진행하는 경우도 있으니 대표적인 유학원들의 프로그램을 일일이 확인해 보는 노고가 필요할 것이다.

한 달 동안 아이가 다닐 국제학교가 마땅치 않아도 걱정할 필요는 없다.

쿠알라룸푸르에는 사설 어학원이 많아서 선택의 폭이 넓기 때문이다. 다양한 나라 사람과의 교류를 중시한다면 시내 중심의 어학원을 등록할 수 있고, 한국식 입시 영어를 향상시키기 원한다면 몽키아라에도 많은 선택지가 있다.

　시내 중심 어학원 중 초등학생이 다닐 수 있는 곳은 'ELEC Language Center'와 'BRIGHT Language Center', 'Sheffield Academy', 그리고 'British Council Malaysia'가 있다. 그중에서 가장 유명한 곳은 'ELEC Language Center'인데 오전 9시부터 오후 3시 15분까지(금요일은 12시 15분까지) 문법, 읽기, 쓰기, 회화 수업이 시간표대로 진행되며, 만 10세 이상은 성인들과 같은 반으로 편성이 된다. 또한 'Sheffield Academy'에서는 방학마다 외국인 학생들을 위한 캠프도 진행하는데 유치원 반(5~8세), 주니어 반(9~12세), 고학년 및 중학생 반으로 나누어 하루 6시간씩 집중 영어 프로그램을 진행한다.

몽키아라의 어학원은 학기 중에는 현지 국제학교 아이들의 보습 학원이다. 하지만 한국의 방학 기간에는 집중반을 운영하여 한국에서 오는 한 달 살기 아이들을 중점적으로 교육하고 있다. 이런 어학원의 장점은 한국인 원장과 스태프가 상주하고 있어 상담이 쉽고 학습 관리가 비교적 철저하다는 점이고, 내 경우에는 아이가 어리기 때문에 심리적인 안정감을 위해 한국 학원을 선택하게 되었다.

몽키아라의 대표적인 학원으로는 '포레스트 어학원', '엘리트 어학원', '홍익 어학원', '트리플에이 어학원', 'GLC 어학원'이 있다. 그중에서 포레스트와 홍익 어학원은 몽키아라 중심에 위치하고 있어 숙소에서 도보로 이동할 수 있고, 나머지 학원에서는 모두 셔틀버스를 운영하고 있어 등하원이 편리한 편이다. 몽키아라의 어학원은 대부분 9시 반부터 2시 반까지 집중반을 운영하며, 원하는 경우 원어민 선생님과의 1:1 수업을 추가로 신청할 수 있다. 또한 맛있는 한국식 도시락을 제공한다는 것도 장점으로 작용할 수 있다.

나는 위에서 언급한 모든 학원과 대면 또는 비대면으로 상담을 진행했는데, 대부분 학원에서 읽기와 쓰기, 문법을 집중적으로 가르치고 있어서 저학년보다는 고학년생에게 만족도가 높았다. 반면 GLC는 놀이를 응용한 수업도 있고 학원 밖에 공터가 있어 점심시간에 뛰어놀 수도 있어서 저학년생들이 지루하지 않게 학원 생활을 할 수 있었다. 학원마다 주력으로 가르치는 영역과 커리큘럼이 다르니 꼭 사전 상담을 통해 우리 아이에게 가장 도움이 될 수 있는 학원을 선택하도록 하자. 🖋

3. 숙소 예약하기

거주 지역과 아이가 다닐 교육 기관을 정했다면 이제 그 지역 내에서 등하원이 편리한 숙소를 예약해야 한다.

2주 이하의 단기 숙소를 예약하려면 호텔 예약 사이트나 에어비앤비(Airbnb), 호텔 공식 웹사이트에서 예약을 진행할 수 있다. 글로벌 체인인 경우에는 호텔 예약 사이트보다 공식 웹사이트에서 예약을 진행하는 것이 더 유리하다. 대부분 BRG(Best Rate Guarantee) 프로그램을 운영하기 때문에, 공식 웹사이트에서 예약한 후 더 저렴한 조건에 판매하는 사이트를 발견하면 BRG를 신청하여 차액을 보상받을 수 있기 때문이다.

온라인으로 호텔 예약을 진행할 때는 꼭 2022년 이후의 후기를 읽어봐야 한다. 코로나 이전과 상황이 많이 달라졌기 때문이다. 하지만 아무리 꼼꼼하게 후기를 살펴봤음에도 실제 숙소에서 생활할 때 비위생적이거나 불편한 경우가 종종 있다. 쿠알라룸푸르는 다양한 국적과 인종이 다녀가는 여행지이기 때문에 위생과 편의 사항에 대한 기준이 모두 다르기 때문이다. 그래서 같은 문화를 공유하는 한국인의 후기를 참고하는 것이 가장 좋고, 아이 동반 시에는 가족 여행객의 후기를 필터링해서 보는 것이 가장 도움이 된다. 한국인의 후기가 별로 없다면 일본, 싱가포르, 홍콩 국적 여행자의 리뷰를 참고하자. 서양이나 동남아 사람들은 우리와 라이프 스타일이나 위생에 대한 기준이 달라서 그들이 별 5개를 준 평점에 우리는 별 3개를 줄 수도 있기 때문이다.

한 달 이상 장기 숙소를 예약하려면 예산 범위와 조건에 맞는 호텔이나 레지던스의 매니저에게 직접 연락하여 견적을 받는 것이 가장 저렴하다. 에어비앤비로 예약을 진행한다면 호스트에게 연락하여 장기 숙박 할인을 요청할 수도 있을 것이다. 내 조건에 맞는 숙소를 찾지 못했다면 원하는 조건을 정확하게 명시하여 페이스북 지역 커뮤니티에 집을 구하는 글을 올려보자. 조건에 부합하는 숙소의 관리자에게서 연락을 받을 수도 있을 것이다.

만약 몽키아라에서 한국 어학원에 다니게 된다면 각 어학원과 연계된 숙소를 소개받을 수도 있다. 이런 경우 공식적으로 명시된 가격보다 좀 더 저렴한 가격으로 계약을 할 수 있으니 꼭 어학원 등록 시 숙소에 대해 문의해 보도록 하자.

물론 숙소를 구하는 가장 좋은 방법은 입국 후에 직접 보고 결정하는 일이지만, 성수기나 방학 기간에는 장기 숙소를 현장에서 구하는 것이 쉽지 않기 때문에 사전에 계약하는 것이 좋다. 이 경우 계약 전에 현지에 있는 지인을 통해 영상 통화로 주요 사항들을 체크하는 인스펙션(Inspection)을 할 수도 있을 것이다. 쿠알라룸푸르에 지인이 없다면 카페를 통해 소개받은 가이드나 교민에게 연락해서 수고비를 주고 부탁할 수도 있다. 하지만 영상 통화로만 확인할 수 없는 부분이 있기 때문에 인스펙션을 하는 사람에게 미리 체크 리스트를 주는 것이 중요하다. 쿠알라룸푸르의 숙소에서 지낼 때 주로 문제가 되거나 한국인들이 불편해했던 부분에 대해 체크 리스트를 작성해 보았다. 모든 것을 다 확인하고 계약한다고 하더라도 분명 살면서 사소한 문제들이 나올 것이다. 하지만 적어도 이 리스트에 있는 사항들을 먼저 확인한다면 큰 불편을 피할 수는 있을 것이다.

장기 숙소 예약 시 체크 리스트

1. 화장실(하수구) 냄새

보통 저층에서, 아침 시간에 심한 경우가 많으니 화장실 문을 열어 냄새를 확인해 보도록 하자.

2. 수질 / 샤워기

수질을 확인할 수 있는 가장 정확한 방법은 필터를 장착한 샤워기로 바꾸고 5분 동안 물을 틀어 보는 방법이다. 하지만 인스펙션에서 5분 동안 샤워 필터를 장착할 수는 없으니 적어도 샤워기가 천장에 달린 해바라기 형이 아닌지 확인하도록 하자. 해바라기 형 샤워기는 필터 장착을 할 수 없기 때문이다. 만약 수질이 안 좋은 경우에는 관리인에게 필터를 설치해 줄 수 있는지 문의해 보도록 하자. 가끔 샤워기 수압을 확인하는 경우도 있는데, 보통 필터 샤워기를 장착하면 수압도 더 세게 조절이 되므로 물이 졸졸 흘러나오는 정도만 아니라면 넘어가도 된다.

3. 주방 청결도

아이와 함께하는 여행에서 가장 중요한 부분인 것 같다. 한 달 살기에서 만난 지인은 한국에서 미리 인스펙션까지 마치고 예약을 하고 왔다. 하지만 실제로 보니 주방 악취가 너무 심하고 주방 아래 싱크대에 끈적이는 물질과 곰팡이가 너무 심해서 청소를 포기하고 주방을 아예 막아버렸다고 한다. 주방 청결도는 영상으로 직접 확인하는 것이 좋고 주방에 있는 싱크대도 꼭 열어보고 확인해야 현지에서 주방을 제대로 사용할 수 있을 것이다. 그 밖에 냉장고를 열어 위생 상태를 확인해 보는 것도 필요하다. 그리고 제공되는 식기와 조리 도구도 확인해서 부족한 부분은 한국에서 가져가거나 현지 마트에서 공급할 수 있게 계획을 세워야 한다.

4. 침구 청결도

사실 침구가 깨끗한지 육안으로 확인하기는 쉽지 않다. 하지만 최소한 베드 냄새와 얼룩 정도를 확인할 수는 있다. 가끔 깨끗해 보이는 침구에서도 베드 버그가 있어서 아침에 일어나면 벌레에 물린 자국이 생길 경우도 있는데, 하우스 키핑 담당자에게 얘기하고 깨끗한 침구로 바꾸면 대부분 해결된다.

5. 바닥 청결도 / 곰팡이

바닥이 끈끈하거나 미끄럽지 않은지 확인해야 한다. 오랫동안 쓰지 않은 방일 경우 바닥이 끈끈한 경우가 있는데 보통 청소를 제대로 한번하고 나면 괜찮아진다. 하지만 곰팡이의 경우 전반적인 위생 상태가 의심될 뿐만 아니라 청소를 다시 해도 해결되지 않는 경우가 많다. 특히 샤워룸의 벽 모서리나 주방 구석에 곰팡이가 많으므로 사전에 꼭 확인하도록 하자. 또한 가족에게 비염이나 알레르기가 있다면 바닥이 카펫으로 된 집은 피해야 할 것이다.

6. 벌레

말레이시아 한인 커뮤니티에서 가장 많이 등장하는 숙소 문제가 바로 벌레이다. 잘 관리된 레지던스에서도 바퀴벌레는 매우 흔하게 나타나기 때문이다. 하지만 인스펙션에서 벌레가 있는지 확인하는 것은 매우 어려운 일이다. 한국인이 많은 몽키아라 지역의 주요 레지던스는 후기가 많아서 숙소를 선별할 수 있지만, 시내 중심에서 숙소를 구한다면 이런 점은 사전에 확인하기 힘들 것이다. 인스펙션에서는 숙소의 구석진 부분에 바퀴벌레 살충제가 놓여 있는지 확인해 보고, 관리인에게 벌레가 있는지 물어본 후 혹시라도 나타날 경우 어떤 조처를 해줄 수 있는지 문의하는 것이 좋다.

4. 쿠알라룽푸르 한 달 살기 준비물

항공과 숙소를 예약하고 아이 교육 기관까지 등록하고 나면 정말 혼이 쏙 빠진 것처럼 정신이 없을 것이다. 하지만 아이와 한 달이나 체류하기 위해서는 필요한 물건들을 빠짐없이 꼼꼼하게 챙겨야 할 것이다. 여기서는 기본적인 준비물부터 자칫 빠뜨릴 수 있는 유용한 준비물까지 적어보았다.

기본 서류

여권, 항공권, 영문 백신 증명서, 호텔 바우처, 영문 가족 관계 증명서, 여행자 보험, 학교 제출 서류, 비상용 여권 사본과 여권용 사진

엄마와 아이만 단독으로 갈 경우 여권상의 성(Surname)이 다르기 때문에 가족임을 증명하는 서류를 요청할 수 있다. 이에 대비하여 영문 가족 관계 증명서를 소지해야 한다. 만약 여권을 새로 발급받는다면 영문 이름 옆에 배우자의 성을 함께 기재하는 옵션을 선택할 수 있어 가족임을 증명할 수 있다.

여행자 보험은 보험사마다 다양한 상품을 갖추고 있어 온라인으로 쉽게 가입할 수 있다. 일반적으로 여행자 보험을 들 때 '여행 중 상해, 질병에 대한 병원비' 항목만 확인하지만, 아이와 함께 가는 경우에는 '여행 중 배상책임' 항목이 있는 상품에 가입하도록 하자. 아이의 실수로 숙소

나 가게의 물건이 파손될 경우 보상을 받을 수 있어 매우 든든하기 때문
이다.

비상 약품

해열제(아세트아미노펜, 이부프로펜, 덱시부프로펜 계열 중 교차 가능한
두 종류), 종합감기약, 지사제, 항생제, 소화제, 두통약, 상처 소독 스프레
이, 일반밴드/아쿠아 밴드/습윤 밴드, 화상 연고, 광범위 피부질환 연고,
상처치료 연고, 인후 스프레이, 코로나 자가진단 키트, 체온계, 마스크
(선택) 항제산제, 항히스타민제, 진경제, 근육이완제, 안약, 유산균 등

말레이시아는 동남아의 의료 선진국이기 때문에 병원이나 약국 시설이
잘되어 있다. 하지만 사람마다 잘 맞는 약이 있기 때문에 비상약을 한국
에서 가지고 가는 것이 마음이 편할 것이다. 특히 해열제 종류인 덱시부
프로펜은 취급하지 않는 약국이 많아서 한국에서 꼭 가지고 가는 것을 추
천한다. 우리 아이도 쿠알라룸푸르에서 열이 났을 때 덱시부프로펜 해열
제를 구하지 못해 고생한 적이 있다.

뷰티/위생용품

화장품, 알로에 젤/마스크팩, 워터프루프 선크림, 필링 젤, 어린이용 올인
원 워시, 치약, 칫솔, 휴대용 물티슈, 때수건, 샤워기 필터

날씨가 덥고 햇볕이 강한 날씨 때문에 얼굴과 몸에 각질이 쌓이는 경
우가 많다. 나는 현지에서 각질 필링 젤을 구매했는데 한국 제품과 다르

게 얼굴이 화끈거려 사용할 수 없어 중간에 지인을 통해 한국에서 공수하게 되었다. 또한 어깨에 탄 부분이 벗겨져 각질이 일어나 수영장에 들어가기가 조심스러워졌다. 그래서 현지에서 글로벌 브랜드 제품의 바디 스크럽을 구매했으나 심하게 일어나는 각질에는 별 소용이 없었다. 결국 한국에서 때수건을 공수하게 되었는데 각질이 한 번에 다 벗겨져서 얼마나 시원했는지 모른다. 일반적인 준비물은 아니지만 수영장을 자주 이용하는 사람이라면 각질 제거 용품을 꼭 준비해 가도록 하자.

아이의 피부가 민감하다면 샤워 필터기와 교체용 필터를 넉넉하게 준비해 가는 것이 좋다. 아무리 필터를 장착했다 하더라도 양치는 미네랄 워터로 하는 것을 잊지 말자. 수돗물로 양치한 후에 물갈이로 고생을 한 사람이 많기 때문이다. 그리고 휴대용 물티슈는 현지에서도 손쉽게 구할 수 있지만 인위적인 향이 강한 제품이 많아서 짐 무게가 허용한다면 국내에서 애용하는 제품을 준비해 가는 것을 추천한다.

수영용품

수영복, 물안경, 넥베스트 튜브, 아쿠아 슈즈, 방수팩, 후드 타올

쿠알라룸푸르에서는 수영장에서 지내는 시간이 많아 수영용품을 많이 챙겨가고 싶지만, 짐의 부피를 고려해서 너무 크지 않은 용품들을 준비해야 할 것이다.

구명조끼는 수영을 못하는 아이들에게 필수이나 부피가 큰 단점이 있다. 이런 경우 공기를 주입해서 사용하는 넥베스트(튜브형 구명조끼)를

구매하면 부피를 최소화할 수 있어서 유용하다. 참고로 넥베스트는 불량 제품이 많다고 하니 미리 집에서 공기를 주입하여 이틀 정도 지켜보며 불량 여부를 체크하고 가지고 오도록 하자. 내 경우에는 공기가 빠지는 불량으로 두 번이나 제품을 교환해야 했다.

주방용품, 취사 준비물

보온병/텀블러, 수세미, 세제(작은 통), 반찬 용기, 지퍼백, 젓가락, 가위, 각종 양념

현지에서 직접 요리할 계획이라면 참기름, 고추장, 만능 간장 등 양념를 조금씩 준비해 가면 유용할 것이다. 간장을 비롯한 양념류는 현지에서도 쉽게 구매할 수 있지만 현지 제품을 구매하면 맛이나 농도가 달라 아이 입맛에 맞지 않는 경우도 많으니, 아이가 평소 즐겨 먹는 양념이나 후리가케를 준비해 온다면 매우 유용하게 쓸 수 있을 것이다. 나도 처음에는 간편하게 한인 마트에서 구매할 생각으로 양념을 가져가지 않았는데, 원하는 제품을 찾는 것도 쉽지 않았고 대부분 정품 용량으로 판매하고 있어 귀국 시에 반절도 쓰지 못하고 버려야 했다.

반찬 용기는 아이 간식을 넣거나 남은 반찬을 보관할 때 매우 유용했으며, 보온병은 아이가 등원용으로 준비했지만 실제로는 감기에 걸려 기침을 할 때 뜨거운 물이나 차를 가지고 다니며 먹기 좋았다. 또한 숙소에 있는 정수기에서 물을 넣어 다닐 수 있어 매번 생수를 사야 하는 번거로움도 피할 수 있고, 플라스틱을 사용하지 않아 환경을 지킬 수도 있었다.

전자기기/엔터테이닝 용품

해외여행용 어댑터, 휴대폰 충전기, 보조 배터리, 태블릿PC, 여분의 휴대폰, 이어폰, 3 in 1 알람 시계(조명/블루투스 스피커 가능 제품)
(선택) 카드 게임, 색종이, 스티커, 장난감 등 아이의 취향에 따른 놀이 용품, 책

 한 달 살기를 하는 가족들은 보통 현지 유심을 구매하여 사용한다. 업무로 인해 한국에서 연락이 자주 오는 경우에는 한국 로밍폰 한 대와 현지 휴대폰 한 대를 동시에 사용하기도 한다. 하지만 휴대폰 한 대만 사용하는 경우에도 여분의 휴대폰을 꼭 준비해야 한다. 연락, 예약, 결제, 정보까지 모든 것을 휴대폰으로 처리하는 상황에서 혹시 발생할 수 있는 분실에 대비하기 위해서다. 이를 위해 집에 있는 공기계에 아이들을 위한 콘텐츠를 가득 담아온다면 분실에 대비도 하고 아이들 대기 시간에도 유용하게 사용할 수 있을 것이다. 만약 여분의 휴대폰을 준비하지 않은 상황에서 파손, 분실 사고가 발생한다면 당황하지 말고 근처 휴대폰 가게를 찾아가 보도록 하자. 보급형 삼성 갤럭시 휴대폰을 한국 돈 15만 원 정도에 구매해서 임시로 사용할 수 있을 것이다.

 또한 조명과 블루투스 스피커 기능이 장착된 3 in 1 알람 시계를 준비해 오면 여러 가지 용도로 사용할 수 있다. 아이들이 불을 끄고 잠을 자기 무서워할 때 은은한 조명으로도 활용할 수 있고, 분위기를 내고 싶을 때 블루투스로 연결하여 음악을 들을 수도 있어 매우 유용하다.

방수, 방충용품

우비, 소형 우산, 전기 모기향, 모기 패치, 모기 스프레이

모기나 곤충이 많은 동남아의 환경을 고려하여 매트형, 액상형 전기 모기향을 가져가면 몸도 마음도 훨씬 편해질 것이다. 일부 숙소에서는 요청 시 제공을 해주기도 하는데 구비하지 않고 있는 곳도 많다. 나는 포충기 겸용으로 사용할 수 있는 전기 모기 채도 가져갔는데 이 제품은 출국시 세관 검사도 받아야 하고 부피도 꽤 커서 이동할 때마다 불편을 겪어야 했다. 그에 비해 쓰임이 거의 없었고 오히려 전기 모기향이 더욱 유용했다.

또한 날씨가 변덕스러운 우기에 말레이시아에 간다면 장화보다는 슬리퍼, 우산보다는 우비를 준비하는 것이 좋다. 또한 갑자기 비가 내리는 경우를 대비하여 언제든 가지고 다닐 수 있는 가볍고 작은 휴대용 우산을 준비해 가면 매우 유용할 것이다. 학교에 다니는 아이가 있다면 책가방에 씌울 수 있는 레인 커버를 준비하는 것이 좋다. 물에 젖었다가 마른 책은 구부러지기 때문에 한 달 동안 사용하기에 매우 불편하기 때문이다.

기타

공책, 필통, 손톱깎이, 실내용 슬리퍼

한국인은 보통 실내 바닥 청결도에 민감하기 때문에 숙소의 청결 상태를 확신할 수 없다면 실내용 슬리퍼를 준비해 가는 것이 좋다. 고무 재질

의 슬리퍼를 가져간다면 화장실용 슬리퍼로 쓸 수도 있어 매우 유용하다. 이것은 현지에서도 쉽게 구매할 수 있기 때문에 숙소에 도착해서 상황을 보고 결정해도 괜찮을 것이다. ✒

TIP!

해외 사용 카드 소개 및 ATM 사용 시 주의 사항

짧은 여행이라면 국내에서 쓰던 신용카드를 가지고 가거나 공항에서 환전해도 큰 차이가 없지만 한 달 살기를 위해 해외에 간다면 수수료와 환율에 따라 전체 비용이 크게 달라지기 때문에 수수료가 적고 환율이 좋은 카드를 발급받는 일이 매우 중요하다.

보통 동남아 여행자들이 많이 쓰는 카드는 하나 VIVA X 체크카드와 우리은행의 EXK 체크 카드인데 모두 해외 현금 인출 시 수수료가 적어 선호하던 카드이다. 두 카드 모두 연회비가 없고 해외 가맹점 및 국제 브랜드 이용 수수료가 면제되며 해외 ATM 인출 수수료가 없는 카드로 인기가 많다.

그리고 요즘은 해외여행을 준비하는 사람들 사이에서 토스 체크카드와 트래블월렛 체크카드의 인기가 높아졌다. 토스 체크카드는 연회비와 해외

ATM 인출 수수료가 무료인 데다가 모든 해외 결제에 무제한 3% 캐시백을 해주기 때문에 한 달 살기를 계획하는 사람들에게 매우 좋은 혜택이 될 수 있다. 하지만 국제 브랜드에서 사용할 경우 수수료가 별도이고 결제 건당 0.5 달러씩 추가로 부과된다. 그렇기 때문에 수수료보다 캐시백이 더 큰 경우에 사용하는 것이 좋다.

트래블월렛은 외화 충전식 선불카드로, 앱으로 가입하면 모바일 카드와 실물 카드가 지급된다. 총 22개의 외화 중에서 원하는 외화를 선택하고 내 은행 계좌와 연결하면 트래블월렛으로 외화가 실시간으로 충전된다. 선불식 충전 카드라서 환율이 좋을 때 한꺼번에 충전해 놓으면 편리하고 무엇보다 모바일앱으로 카드를 비활성화 시킬 수 있어서 도난 시 피해를 최소화할 수 있다. 하지만 말레이시아 링깃을 충전할 때 한 달 기준 미화 $500을 초과하면 수수료 2%가 부과된다는 단점이 있다.

어떤 카드를 사용하든지 현지 ATM 기계에서 현금을 인출할 때 오류가 나는 경우가 종종 발생한다. 이런 경우 일정 시간이 지나면 재입금 되는 경우도 있지만 '정상 인출'로 처리되는 경우도 있으니 내 연결 계좌에서 인출된 금액을 꼭 확인해 보도록 하자. 나는 쿠알라룸푸르에서 ATM 현금 인출을 시도하다가 결국 돈을 뽑지 못했지만, 한국 계좌에서는 이미 돈이 빠져나간 적이 있다. 결국 은행에 몇 차례 연락하고 증빙 자료를 제출해서 '해외 ATM 피해 사례'로 신고하여 보상받았지만, 하루하루가 귀한 한 달 살기에서 이 일로 너무 신경을 많이 쓰게 되어 아쉬웠다.

#2 아이와 함께하는 쿠알라룸푸르 일상

Ep. 1 20시간의 여정,
쿠알라룽푸르로 가는 멀고도 험한 길

새해 첫날 1월 1일, 이제 막 8살이 된 아들 우진이와 함께 양손 가득 짐을 들고 쿠알라룸푸르행 비행기에 올랐다. 공항까지 데려다준 남편과 인사를 나누고 게이트로 들어오니 장난기 넘치는 아들을 한 달 동안 혼자서 돌볼 생각에 잠시 현타가 왔지만, 언제나 그랬듯 안 다치고 안 아프기만 하다면 힘든 일도 다 추억이 되리라 스스로 위로했다. 첫째도 안전, 둘째도 안전, 호기롭게 이것저것 도전하지 말고 최대한 보수적으로 움직이라는 남편의 끝없는 잔소리를 뒤로하고, 용감한 엄마와 자신감 넘치는 아들은 비행기에 올랐다.

쿠알라룸푸르는 회사를 다닐 때 출장으로도 몇 번 방문했던 도시이고, 친한 친구가 주재 발령을 받아 아이들과 함께 살고 있는 곳이라서 매우 친근했다. 우리는 작년에 발리에 두 달 살기를 하러 가면서 쿠알라룸푸르

에 들러 친구 가족들과 즐거운 시간을 보낸 적이 있었는데, 그 기억이 너무 좋았는지 우진이도 꼭 다시 가고 싶다고 말해왔었다. 그렇게 우리는 쿠알라룸푸르에 한 달 살기를 하러 출발했다.

 새벽부터 분주하게 준비했던 탓인지, 우리 둘은 비행기에 탑승하자마자 이륙도 하기 전에 잠이 들었다. 기내식 먹을 시간이 되니 누가 깨우지도 않았는데 귀신같이 눈이 떠졌다. 한참 기내식을 먹으며 영화를 보다가 어디까지 왔는지 확인하려고 스크린 메뉴에 있는 '비행기 정보'를 눌렀는데, 화면에 보이는 비행기 동선이 뭔가 이상하다. 분명 지도에서의 위치는 전라도 인근의 서해인데, 왜 이륙한 지 한 시간도 넘은 비행기가 여기에 있는 거지? 그리고 저 빙글빙글 도는 동선은 뭘까?

 승무원에게 물어보니 다른 나라로 영공 진입 허가가 안 나서 잠시 대기하고 있는 거라고 했다. 그래 뭐, 한 시간 정도야 이륙만 늦어져도 자주 일어나는 일이니까, 넷플릭스 가득 영화도 받아왔는데 급할 게 뭐 있어 생각하니 마음이 한결 편해졌다.
 그렇게 기내 식사를 다 마치고, 영화를 한 편 보고 나서도 비행기는 여

전히 전라도 하늘 어딘가를 맴돌고 있었다. 빙글빙글 그어진 선은 이제 어지러울 정도로 겹쳐지고 있었다. 그제야 비행기에서는 '필리핀에서 영공 진입 허가를 해주지 않아 연료가 소진될 때까지 하늘에서 대기를 한다'라고 공식 안내 방송을 했다. 자그마치 이륙 후 3시간이 지난 뒤였다. 이쯤 되니 예약한 픽업 차가 기다릴까 봐, 아니 기다렸다고 비상식적인 추가 요금을 요구할까 봐 잠시 마음이 불안해졌다. 연락이라도 할 수 있으면 좋으련만, 어차피 비행기 안에서 할 수 있는 건 아무것도 없었다. 그래, 픽업 기사도 연착 정보 확인하고 나오겠지.. 생각하며 불안을 다독였다.

걱정과 불안 속에 비행기는 그렇게 6시간 동안 전라도 인근을 돌고서야 연료가 소진되었다며 우리를 인천 공항에 내려줬다. 아니, 엄연히 말하면 착륙 후에도 거의 한 시간 동안 비행기에서 내리지 못하고 갇혀 있었다. 그동안 승객들은 각자 기다리는 사람들에게 전화를 걸어 갑작스러운 회항 소식을 알렸다. 나 역시 도착 소식을 기다리고 있을 남편과 쿠알라룸푸르의 픽업 기사에게 연락을 하고 싶었지만, 현지 유심으로 갈아 끼우려고 비행기 탑승 전에 한국 핸드폰을 정지해서 전화도 인터넷도 사용할 수 없었다. 하늘에서는 모두 공평하게 아무것도 할 수 없었지만, 땅으로 내려오니 연락할 수 있는 자와 연락할 수 없는 자로 나뉘었다. 모두 똑같이 아무것도 할 수 없을 때는 차라리 속이라도 편했지, 사람들이 가족에게 연락하고 인터넷을 사용하기 시작하자, 아무것도 할 수 없는 상황이 더욱 초조하게 느껴졌다.

그렇게 한 시간이 지나서야 공항으로 나올 수 있었고, 그제야 와이파이를 연결하고 나니 갑자기 답답했던 마음이 뻥 뚫린다. 연착이고 회항이고 다 괜찮으니 인터넷만 있으면 몇 시간 기다림쯤이야 감수할 수 있을 것 같았다. 아이에게는 핸드폰 없이도 혼자서 잘 노는 사람이 되어야 한다며 미디어 시청 시간을 제한하면서 기껏 몇 시간 인터넷 사용을 못 했다고 마음이 초조해지고 금단 증상이 나타나다니... 아이에게 조금 부끄러웠다.

인터넷이 연결되고 신문 기사를 찾아보니 필리핀 공항 정전으로 공항 관제 시스템이 마비되어 필리핀 영공을 통과하는 동남아행 항공편 4편이 회항했다고 한다. 공항에서 출발하는 수많은 비행기 중에 우리가 그 4대를 탔던 것이다. 그 다음날까지 항공 150편이 결항 및 우회 항로를 이용하게 되었다고 하니 뉴스에 나올만한 제법 큰 사건이었다. 우리는 하필 거기에 있었다.

기다리고 있던 남편과 쿠알라룸푸르의 친구에게 연락을 하고, 픽업 기사에게 회항 소식을 알렸다. 이미 지불한 픽업 비용을 환불해 줄 순 없지만 50%의 비용을 더 지불하면 변경된 항공 시간에 맞춰 픽업을 해 준다는 제안도 받았다. 항공사에서는 7시간 후에 중국으로 우회하는 노선으로 다시 출발하겠다고 발표했고 그동안 사용할 스낵 바우처를 제공했다. 또한 우리가 가입했던 해외여행자 보험에는 항공 지연 시 대기 시간 동안 발생하는 호텔, 식사 등의 비용을 보상해 주는 항목이 있었다. 기내에서 배를 채웠기 때문에 배가 고프진 않았지만 시간을 때울 수 있는 곳이 필요했다. 혼자서라면 당연히 라운지에 가서 샤워도 하고 눈도 붙이고 식사도 하면서 여유 있는 시간을 보냈을 테지만, 나에겐 한시도 쉬지 않고 폴짝폴짝 뛰어다니는 멍멍이 같은 8살 남자아이가 있다. 아이와 함께 라운지에 가서 조용히 하라고 타이르며 미디어만 보여줄 바에야 차라리 공항에 마련된 아이들 놀이터가 서로에게 편할 것 같아서 발길을 돌렸다.

　인천 공항에는 고맙게도 대기 시간 동안 아이들이 놀 수 있는 뽀로로 놀이터가 곳곳에 마련되어 있었는데, 우진이는 이곳에서 무려 6시간 동안 쉬지 않고 놀았다. 그동안 비행기 탑승 시간을 기다리는 많은 아이들이 오고 갔는데, 사교성 좋은 우진이는 짧은 만남과 이별을 반복하며 끊임없

이 친구를 사귀어 놓았다. 가끔은 놀이터 옆 벤치에서 핸드폰 충전기에 매달려 있는 나에게 와서 새로 사귄 친구의 연락처라며 쪽지를 건네주곤 다시 쪼르륵 놀이터로 달려갔다. 한국 아이들이 없을 때는 국적을 가리지 않고 다른 나라 아이들과 서슴없이 어울려 노는 모습을 보니 아들의 친화력이 부러웠다. 가끔 말이 안 통할 때는 손짓으로 표현하고 종이에 그림도 그리며 의사소통하는 모습을 보며, 언젠가부터 언어가 잘 안 통하는 사람과 소통을 단절하는 내 모습이 대조적으로 느껴졌다. 대학생 때는 여러 나라 친구들과 비록 말이 안 통해도 사전을 찾아가며 단어만으로 대화를 이어가며 즐겁게 소통하곤 했는데, 언젠가부터 완벽하지 못한 언어로 대화를 하는 것에 부끄러움을 느끼게 된 것 같다. 심지어 대화 중에 잘 알아듣지 못한 뜻이 있어도 되묻지 않고 대충 아는 시늉을 하며 넘어가기도 했다. 완벽한 어른이 되기 위해 내가 완벽하지 않은 분야는 차단해 버렸고, 다시 뭔가 배우는 것에 대해 귀찮음을 느끼게 된 것이었다.

이번 여행이 우진이에게도, 나에게도, 새로운 것에 도전하고 마음을 열고 배워가는 계기가 되길, 아이뿐만 아니라 엄마도 많이 배우고 채우는 여행이 되길, 첫 비행기의 연착이 액땜이 되어 좋은 일만 생기길, 마음속으로 바라 본다.

그렇게 7시간의 기다림 끝에 다시 비행기에 탑승했다. 첫 6시간은 하늘에서 돌다가 회항했고, 7시간 동안 공항에서 대기했고, 다시 7시간 동안 비행기를 탔으니 총 20시간 만에 쿠알라룸푸르에 도착한 셈이다. 고생 끝에 도착해서인지 여러 번 왔던 도시임에도 이번 여행이 더욱 귀하게 느껴졌다. 열대의 더위도 미세먼지 하나 없는 맑은 하늘도 너무 반가웠다. 한 달 동안 좋은 일만 생길 것 같은 좋은 예감이 들었다.

TIP!

공항에서 패스트 트랙 (FAST TRACK) 이용하기

쿠알라룸푸르 공항은 출입국 심사에 많은 시간이 소요되는 곳으로 악명이 높은 곳 중 하나이다. 말레이시아는 한국인에게 출입국 심사가 까다롭진 않지만, 동남아와 남아시아 등지에서 온 외국인이 취업을 목적으로 체류하는 경우가 많기 때문에 심사가 한없이 지연되는 경우가 빈번하다. 동남아의 여러 도시에서는 아이 동반 가족을 위한 패스트 트랙을 마련해놓기도 하는데, 쿠알라룸푸르 국제 공항에서는 유료 서비스로만 패스트 트랙 이용이 가능하다. 우리는 2022년 여름 방문 시 출입국 심사를 위해 1시간 20분 동안 기다렸고, 2023년 초 방문 시에는 다행히 1시간 동안 기다렸지만, 지인의 경우 운이 나빠 2시간을 기다린 적도 있다고 한다.

어린아이를 동반하거나 시간이 부족한 경우에는 인터넷에서 패스트 트랙 서비스를 신청할 수 있다. 인터넷에 '쿠알라룸푸르 공항 패스트 트랙(Kuala Lumpur International Airport Fast Track Service)'을 검색해서 공항 웹사이트나 여행 전문사이트를 통해 구매할 수 있고, 금액은 1인당 $50~60 정도로 성인과 어린이의 비용이 동일하다.

EP. 2 아이의 학원 적응기, 엄마는 프로 컴플레이너가 되어야 한다

    그렇게 우여곡절 끝에 쿠알라룸푸르의 숙소에 도착해서 짐을 풀고 동네를 구경했다. 예상보다 하루 늦게 도착했지만, 다행히 그다음 날이 말레이시아의 공휴일이었기 때문에 여유 있게 적응을 할 수 있었다.

    우리는 쿠알라룸푸르의 한인 타운인 몽키아라(Mont Kiara) 지역에 자리를 잡고 그곳에 있는 한인 어학원의 방학 캠프에 등록했다. 우진이와 나는 말레이시아 이외에도 다른 나라에서 한 달 살기를 해 본 적이 있었는데, 보통 국제학교의 단기 스쿨링이나 방학 캠프 프로그램만 참여했었다. 하지만 이번에 한국인 어학원에 보내게 된 데에는 그만한 이유가 있었다.

    첫 번째 이유는 쿠알라룸푸르의 국제학교 단기 스쿨링 프로그램이 유학원 중심으로 운영된다는 점이었다. 몇몇 유명 유학원에서는 한국 아이들을 모집하여 단기 스쿨링 프로그램을 진행하고 있었는데, 실제로 내용을 살펴보면 국제학교의 정규 수업에 일주일에 2-3시간 정도만 청강 형식으로 참여하고 나머지는 유학원에서 온 아이들끼리 '영어 집중반'이라는 명목으로 그룹을 꾸려 별도의 수업을 운영하는 곳이 많았다. 그리고 가끔 전 일정 동안 국제학교의 정규 수업에 참여할 수 있는 프로그램도 있었는데, 이런 곳은 최근에 국제학교 인증을 받아 대부분의 학생이 현지인으로 구성된 곳이 많았다. 상식적으로 생각해 봐도 이름있고 평판이 좋은 국제학교는 기존 학생만으로도 운영이 가능한데, 굳이 단기 학생을 받아서 기존 학생들의 불만을 키울 필요는 없는 것 같았다.

한번은 아이의 교육 기관을 알아보던 중 예외적으로 유명 국제학교에서 진행하는 단기 스쿨링 프로그램을 발견했는데, 이름있는 재단에서 운영하는 곳이라서 예전부터 관심을 두고 있던 학교였다. 마침 이번에 한 유학원과 독점 계약을 맺고 입학금과 등록금을 면제해 주는 프로모션을 진행하고 있어서, 한 학기(1term, 10주)의 학비만 내고 정식 학생처럼 다닐 수 있다는 것이었다. 한 달만 다니더라도 한 학기의 학비만 낸다는 것이 다소 비합리적으로 느껴졌지만 그래도 이름있는 국제학교에서 전 일정 동안 정규 수업에 참여할 수 있다는 점이 솔깃했다. 하지만 학교 인근에 주거 지역이 없어 차로 20분 정도 소요되는 곳에 숙소를 잡아야 한다는 점과, 숙소와 셔틀 등을 유학원을 통해서만 준비할 수 있는 구조가 마음에 들지 않아 결국 등록을 포기했다.

두 번째 이유는 학교 수업 이후의 활동이었는데, 한국만큼의 사교육은 아니더라도 수영이나 미술, 축구 등 예체능 위주의 활동과 도서관, 박물관, 미술관 등 교육적인 탐방을 하고 싶었다. 하지만 단기 스쿨링이 가능한 학교의 경우, 숙소 인근에 쉽게 접근할 수 있는 교육 시설이 부족했다. 설령 있다고 하더라도 나의 정보력에 한계가 있었다.

이럴 바에야 한인 타운 내에서 영어 집중반을 운영하는 한인 어학원을 선택하기로 한 것이다. 학생들은 모두 한국인이지만 하루 6시간 동안 원어민 선생님과 수업하는 방식이니 영어 유치원을 보낸 것과 비슷한 효과라고 생각하기로 했다. 한인 타운에 위치하고 있어 사교육 시설이 많고 생활도 편리하며 학원 픽업 차량도 운영되고 있다는 점도 마음이 들었다. 게다가 한인 타운인 몽키아라에는 주재원으로 근무 중인 친구가 살고 있는 지역이라 급한 상황에서 도움을 받을 수도 있었고, 친구의 아이들과 자주 놀 수 있다는 점도 외동아들을 둔 엄마에게 큰 장점으로 작용했다.

일단 어학원 쪽으로 마음이 기울어지자 몽키아라 지역에 있는 5개 한인 어학원을 컨택하여 수업 내용과 교재 등을 알아보고 말레이시아 한인 커뮤니티('My Malaysia' 네이버 카페)의 후기를 참조하여 우리 아이에게 가장 적합한 학원을 고르기로 했다.

아무리 평가가 좋은 학원이라도 우리 아이의 학습 목표와 성향에 맞아야 좋은 결과를 낼 수 있다는 것은 너무도 당연한 사실이다. 우진이는 초등학교 입학을 앞둔 만6세 아이였고, 비교적 영어 노출이 많은 편이어서 듣기(Listening) 영역이 상대적으로 좋은 편이었다. 매사에 적극적인 성격으로 말하기(Speaking)에 스스럼이 없지만 문법이 다듬어지지 않아 정확도가 떨어졌고, 아직 영어 읽기나 쓰기에는 관심이 없어서 기초적인 파닉스(Phonics)만 이해하는 수준에서 읽기(Reading)가 정체되어 있었다. 그리고 아직 손 근육이 덜 발달해서 한글과 영어 모두 쓰기(Writing)를 매우 어려워하고 있었다.

이런 상황에서 우리 아이의 학습 목표를 설정해 보면 '읽기 영역의 향상'과 '말하기에서의 문법 정확성 향상'이었다. 사실 단기간에 읽기와 문법을 향상시키는 것은 한국식 영어 학원이 가장 잘하는 분야이기도 했다. 다만 국제학교에 비해 말하기 기회가 적을 수 있으니 이 부분은 개인 튜터링을 통해 보완하기로 계획을 세웠다.

사실 수업 내용과 커리큘럼에서 가장 적합해 보이는 학원이 있었지만, 쓰기 영역 비중이 높고 영어 에세이까지 작성해야 해서 우리 아이에게 너무 벅찰 것 같았다. 게다가 한인 어학원의 방학 특별반은 보통 오전 10시부터 오후 2~3시까지 운영되는데 아직 유치원에 다니고 있는 아이가 그 긴 시간 동안 책상에 앉아 수업만 듣기에는 집중력이 부족할 것 같았다. 아무래도 나이가 어린 만큼 흥미 위주의 수업과 놀이 활동이 병행되어야 할 것 같았다.

그런 조건을 충족한 곳은 단 한 곳뿐이었는데, 감사하게도 영어 수업과 함께 미술, 게임 등을 영어로 진행하는 흥미 위주의 수업이 섞여 있었다. 게다가 빽빽한 건물의 2~3층에 위치한 다른 학원들과 달리, 이곳은 1층에 위치하고 있어 학원 앞에 광장 같은 공간이 있었고 점심시간에 자유롭게 바깥 놀이를 할 수 있다는 점도 마음에 들었다.

하지만 나와 비슷한 생각을 하는 학부모들이 많았는지, 4개월 전에 문의를 했음에도 방학 특강은 이미 마감이 되어 있었다. 나중에 알고 보니 교민이 운영하는 에이전시에서 어학원과 인근 숙소를 패키지로 묶어 판매하고 있었는데 이곳을 통해 미리 예약을 한 학생들이 많았다. 하지만 이곳밖에 우리 아이에게 맞는 학원이 없었던지라 자리가 나길 기다리면서 끈질기게 문의를 했더니 결국 한 자리가 생겨서 가까스로 등록을 하게 되었다. 모든 것이 척척 풀리는 기분이었다.

하지만 예약에 성공하자 분반을 위한 레벨테스트가 기다리고 있었다. 사실 나는 모국어의 언어 습득 순서에 따라 영어를 학습해야 가장 자연스러우면서 활용도가 높다고 생각하고 있었기 때문에 아직까지 아이에게 읽기나 쓰기를 강요하지 않았다. 아이가 모국어를 배울 때 충분한 듣기를 통해 노출을 쌓은 후 조금씩 흉내 내며 말하기 시작하고, 글자의 조합 원리를 경험적으로 습득하여 더듬더듬 읽어 내려가다가 어느 순간 스스로 써 내려가는 것처럼, 영어 역시 순차적으로 자연스럽게 습득해야 한다고 생각하고 있었다. 그렇기 때문에 듣기, 말하기, 읽기, 쓰기 네 가지 영역과 더불어 문법까지 동시에 배우는 학습 방식과 그것을 평가하기 위한 레벨테스트를 반대하는 입장이었다. 나는 이러한 부자연스러운 학습 방식이 학습자에게 과도한 부담을 준다고 믿고 있었다.

하지만 신념이고 철학이고 자식 일 앞에서는 흔들리는 갈대가 되어버리고 만다. 어렵게 예약한 자리이고 이렇게 한 달 동안 해외에서 영어를 배우는 기회가 흔치 않은 만큼 가장 효과적인 결과를 기대하게 되었다. 말하기, 듣기 능력이 좋지만 읽기, 쓰기는 잘 못하는 우진이가 레벨테스트에서 입문반으로 편성된다면 영어를 처음 접하는 아이들과 함께 'My name is ~'부터 시작하게 될 게 뻔했다. 이런 이유로 한국에서도 영어 학원을 보내지 않고 엄마표로 공부하고 있던 것이다.

아직 레벨테스트까지 두 달의 시간이 남아 있었다. 그날부터 엄마표 리딩 공부를 시작하고 선생님의 질문에 대답하는 형식에 익숙해지기 위해 화상 영어 수업을 시작했다. 다행히 우진이는 아직까지 보고 들은 것이 많아서인지 빠른 속도로 영어 리딩을 배워나갔고, 필리핀 선생님과의 화상 영어를 통해 말하기와 문법을 보완해 나갔다. 결과적으로 두 달 후 레벨테스트에서 기대했던 것보다 높은 점수를 받게 되었다. '자연스러운' 언어 습득을 강조했던 나는 레벨테스트 점수 앞에서 이미 신념이고 교육 철학이고 다 내려놓고 마냥 내 새끼가 기특하고 자랑스러운 줏대 없는 엄마가 되어 있었다.

하지만 모든 것이 내 생각대로 흘러가진 않았다. 현지에 도착해서 첫 날 어학원에 가보니 같은 반 학생들은 모두 초등학교 2~3학년이었고, 심 지어 4학년 아이도 있었다. 유치원생인 우리 아이에게 맞지 않은 반이었 다. 무조건 높은 반에 들어가기 위해 무리하게 레벨테스트를 준비한 결과 였다. 그래도 학년은 다르지만 영어 수준은 비슷할 거라고 생각해서 반 이동 없이 첫 주를 보냈는데, 그렇게 3일 만에 우진이는 등원을 거부하기 시작했다. 우진이는 친구들과 선생님을 좋아하고 어떤 종류의 수업이든 배우는 것을 좋아해서 한국에서도 학원이라면 한걸음에 달려가는 아이 였다. 그래서 새로운 학원을 보낼 때 아이가 거부할까 봐 망설여 본 적이 한 번도 없었다. 그런 우진이가 학원을 거부했다. 말레이시아까지 와서,

힘들게 등록한 학원을, 아이가 거부한다.

 미치겠다.

 일주일 내내 학원 가기 싫다고 하는 아이를 붙들고 조목조목 이유를 물었다. 하루하루 이유가 달랐다. 어떤 날은 같은 반 형, 누나들이 놀리거나 나쁜 말을 해서 가기 싫다고 했고, 또 어떤 날은 재미있는 활동 없이 하루 종일 공부만 해서 힘들었다고 하고, 그다음 날은 선생님이 쓰기를 못 한다고 혼내서 싫다고 했다. 심지어 어떤 날은 쉬는 시간에 놀 수 있는 도구가 하나도 없고, 점심 자유 시간에는 공놀이밖에 할 수 없어서 지루하다고 했다. 얼핏 듣기엔 핑계 같지만 아이 입장에서 생각해 보면 하나하나 다 난관이었을 것이다.

 또래들과 유치원에서만 어울렸던 아이는 초등학생 형들의 거친 언행이 다소 무섭게 느껴졌을 수도 있다. 그중 가장 나이가 많았던 아이는 쉬는 시간마다 가운뎃손가락을 내밀며 거친 농담을 내뱉기도 했다. 또한 우진이는 나이가 어려 글을 쓰는 속도가 느리고 글씨도 삐뚤빼뚤했는데 선생님이 글씨를 못 쓴다며 아이에게 계속 'Bad' 점수를 주고 있었다.

 한번은 우진이의 쓰기 교재에 능숙한 글씨가 보이길래 아이에게 물어봤더니, 우진이가 글쓰기를 늦게 해서 쉬는 시간이 짧아진다면서 형, 누나들이 아이의 쓰기를 대신해 줬다는 것이다. 이런 경우 능숙하지 못한 아이의 분량을 줄여준다거나 못다 한 부분은 숙제로 보완할 수 있게끔 지도를 해줘야 하는데, 이미 자신의 글쓰기를 끝낸 아이들을 모두 기다리게 하니 다른 아이들의 불만도 커지는 것이었다.

 또한 등록 전에 공유받은 내용과는 달리, 미술, 게임 등 놀이식 수업이 거의 없었고 대부분 학습식 수업으로 이루어져서 다른 학원들과 차별점이 없어 보였다.

 이러한 이유로 일주일 동안 세 번이나 원장님과 유선, 대면으로 면담을 진행했다. 학원 측의 설명을 들어보니 기존에 공유받았던 수업 내용은 보통 파닉스를 시작한 우진이 또래의 아이들을 위한 시간표였고, 우진이가 다소 높은 반으로 배정되었기 때문에 놀이식보다 학습식 위주로 수업이 이루어지고 있다는 것이었다. 이럴 줄 알았다면 효과에 대한 기대치를 낮추더라도 흥미 위주의 수업이 있는 반으로 갔어야 했다.

 현재는 반 조정이 어려운 상황이었기 때문에 지금 반을 유지하는 선에서 문제를 해결해야 했다. 우선 원장님께서는 거친 언행을 일삼는 고학년 아이들과 학부모들을 면담하여 이런 일이 재발하지 않도록 조치해 주셨다. 그리고 담당 선생님들과 상의하여 우진이가 쓰기가 느리더라도 재촉하지 않고 끝내지 못한 부분은 숙제로 내주기로 했다. 또한 쉬는 시간에 집에서 가져온 재료로 종이접기나 간단한 놀이 등을 할 수 있도록 해주셨다.

 학원 측에서 적극적으로 대응해 주신 덕분에 우진이는 둘째 주부터 제법 적응하며 다닐 수 있게 되었다. 물론 긴 학습식 수업은 여전히 힘들어했지만 아이는 조금씩 수업에 익숙해지며 그 안에서 재미를 찾아 나갔고, 매주 금요일마다 격려 차원에서 진행되는 스낵 파티와 레크리에이션 활동으로 인해 아이는 학원에 조금씩 재미를 붙이게 되었다.
 어휴.... 여기까지 와서 학원 가기를 거부할까봐 진짜 진땀 뺐다.

물론 아이에게 문제가 생겼을 때 적극적으로 대응하기보다 여유를 가지고 아이가 적응할 수 있도록 기다려 주는 부모들도 있다. 누가 맞고 틀리고가 아니라 각 부모의 성향과 교육 방식이 다른 것이다.

　하지만 해외에서 아이를 기관에 보내는 경우 한국에서보다 조금은 더 적극적으로 기관과 소통하고 해결 방법을 모색할 필요가 있다고 생각한다. 비록 한국에서와 비슷한 문제가 생겼다고 하더라도 낯선 환경에 처한 아이는 문제를 더욱 심각하게 받아들이고 힘들어할 수 있기 때문이다. 게다가 부모밖에 의지할 곳이 없는 상황에서 아이가 처한 문제를 너무 안일하게 받아들인다면 아이는 세상이 안전하다는 신뢰감을 상실할 수도 있고, 나중에도 환경 변화를 두려워할 수도 있기 때문이다. 이러한 부모의 모습이 학교나 학원 같은 기관에는 다소 극성처럼 보일 수도 있을 것이다. 하지만 내 아이의 일에 대해 어느 하나도 간과하지 않고 확인하려는 모습이 극성이라면, 나는 기꺼이 '극성 부모'를 자청할 것이다.

TIP!
내 아이에게 맞는 어학원 고르는 방법

앞서 강조했듯이 아무리 유명한 학원이라고 해도 우리 아이의 학습 목표에 부합한 지, 우리 가족의 교육 방침이나 스케줄에 무리가 없는지 꼼꼼하게 살펴봐야 할 것이다. 예를 들어 한국에서 가장 유명하고 비싼 체인 영어 학원은 레벨테스트를 받는 데에만 몇 달 동안 대기해야 할 정도로 인기가 많은 곳이다. 하지만 이곳은 수업 정원이 12명이나 되어서 적극적으로 말하지 않는 아이들은 소외가 되기 일쑤이다. 게다가 가정에서 해야 할 숙제가 많고 부모가 도와줘야 하는 부분이 많은데, 워킹맘의 경우 아이와 함께 소통할 시간이 저녁밖에 없어서 이 시간을 모두 숙제로 쓸 수가 없기 때문에 다소 무리가 될 수도 있다.

한 달 살기에서의 어학원은 학교를 대신하는 곳이기 때문에 평일 대부분의 시간을 보내게 된다. 그러므로 어학원의 교육 방식이 우리 아이의 성향과 학습 목표에 맞는지, 우리 가족의 생활 스케줄에 맞는지를 등록 전 심층적인 상담을 통해 알아봐야 할 것이다.

이를 위해 한 어학원만 상담할 것이 아니라, 최소 두 세 개의 어학원에 연락하여 상담을 받아보도록 하자. 학원의 교육 방향성과 수업 내용에 대한 자세한 설명을 들으면 우리 아이에게 가장 잘 맞는 학원이 어디인지 대략 감을 잡을 수 있을 것이다. 여기에서는 일반적으로 어학원 선택 시 고려해야 할 사항을 정리해 보았다.

어학원 선택시 고려 사항

1. 수업 정원

일반적으로 5~8명 정도이다. 아이가 수업에 적극적으로 참여하고 집중력이 좋은 편이라면 정원이 많아도 괜찮지만, 소극적인 성격이라면 교사가 학생에게 더욱 신경 쓸 수 있는 소수 정원이 더욱 효과적일 것이다.

2. 놀이식/학습식

한국과 마찬가지로 각 어학원은 놀이식이나 학습식 등 자신만의 교육 방식을 가지고 있다. 영어에 좀 더 친숙해지기를 원하는 저학년생들은 놀이식이 더욱 흥미로울 것이고, 집중적인 영어 능력 향상이 필요한 고학년 학생들은 학습식이 더욱 알맞을 것이다. 하지만 학년이나 학습 목표만을 기준으로 하지 말고 각 학생의 집중력이나 학습에 대한 흥미도를 함께 고려하여 선택해야 한다.

3. 분반 형식

가장 좋은 것은 같은 나이의 아이들을 레벨에 따라 분반한 형태이지만, 보통 한인 어학원은 한국의 대형 학원에 비해 규모가 작은 편이기 때문에 나이와 레벨을 모두 고려한 분반이 어렵다. 그렇기 때문에 보통 학년에 따라 분반을 하거나 레벨에 따라 분반을 하는 형식 중 하나를 택하게 된다. 일반적으로 레벨에 따른 분반이 영어 학습에 더욱 효과적일 것으로 생각하지만 너무 다양한 연령대로 반이 구성된다면 영어 능력 외에도 문해력이나 쓰기 능력 등 전반적인 학습 수준에 차이가 있기 때문에 효율적인 학습을 기대하기 어려울 수 있다.

4. 주력 학습 영역

영어의 어느 영역을 주력으로 학습하는지도 학원 선택의 중요한 기준이 될 수 있다. 예를 들어서 스피킹 영역 위주로 수업이 구성된 학원은 교재 의존도가 낮고 다양한 멀티미디어 부교재를 활용하여 다양한 표현을 연습하는 것을 주력으로 한다. 그리고 한국식 영어 학습을 통해 성적 향상을 목표로 하는 학원은 영어 읽기과 문법, 문장 만들기 등을 위주로 수업을 운영할 것이다.

5. 숙제

숙제의 내용이 학습 목표에 부합하는지, 양이 너무 많진 않은 지도 알아봐야 할 것이다. 일부 학원에서는 너무 많은 숙제를 내줘서 가정에 큰 교육 부담을 주기도 하고, 특히 과도한 숙제로 인해 해외 살기에서 가장 중요한 부분인 '다양한 경험'을 놓치는 결과를 가져올 수도 있다.

6. 등하원 수단

몽키아라의 어학원 중 두 곳은 도보로 이동할 수 있는 쇼핑몰에 위치해 있고, 주요 주거 지역과 조금 떨어진 학원들은 대부분 셔틀 서비스를 제공하고 있다. 다만 숙소 위치에 따라 셔틀 시간이 다르므로 미리 확인하는 것이 좋다.

EP. 3 골프의 성지,
말레이시아에서는 골프를!

처음 말레이시아 한 달 살기를 계획하면서 아이가 공부하는 시간에 부모가 즐길 수 있는 것이 무엇일까 생각해 보았다. 말레이시아에 오기 전 두 달 살기를 했던 발리에서는 자연 속에서 요가하는 맛에 푹 빠져 아이를 학교에 보내고 루틴처럼 요가원에 가서 하루를 시작했었다. 한 달이라는 시간은 자칫 휘리릭 지나가 버릴 수도 있는 짧은 시간이지만 일상의 크고 작은 걱정거리에서 벗어나 한 가지 일에 집중하기에는 충분한 시간이었다. 그래서 아이가 영어를 배우는 동안 나도 무언가 몰두할 수 있는 것이 필요했다. 그런 이유로 여러 가지 액티비티를 찾아보았지만 '한국과 다르게' 쿠알라룸푸르에서만 특별하게 즐길 수 있는 활동은 그리 많지 않았다. 한인 타운의 요가원들은 대형 쇼핑몰 안에 있는 실내 공간이어서 한국과 다를 바 없었고, 어학원에서 운영하는 성인 영어반도 있었지만 특별히 영어를 더 배우고자 하는 니즈가 없었다.

결국 말레이시아에서 배우기 가장 좋은 것은 골프였다. 사실 말레이시아는 퀄리티와 가성비 모두 뛰어난 골프장이 매우 많아 한국에서도 골프 여행을 오는 곳이었다. 더불어 인도어(Indoor)나 실내 연습장도 매우 저렴하게 운영되고 있고 골프 레슨 역시 한국보다 저렴했기 때문에, 말레이시아에서 단 하나를 제대로 즐기고 싶다면 모두가 추천하는 것은 단연 골프였다. 한국에서 필드에 나갈 때는 인당 약 25~30만 원 정도의 비용이 필요한데, 말레이시아에서는 비싼 곳도 인당 10만 원을 넘지 않고 조금만 외곽으로 나가도 호텔 1박과 18홀 코스, 식사를 포함하여 10~15만 원 정도로 즐길 수 있으니, 가성비로 따지면 골프를 능가할 수 있는 게 없었다.

문제는 비루한 나의 운동 신경이었다. 예전에 중국에서 일할 때 업무상 골프를 쳐야 하는 일이 많아 골프를 처음으로 배우기 시작했다. 그때도 한인 타운에 살았기 때문에 한국인 프로에게 레슨을 받았는데, 모범생처럼 하나하나 열심히 기록하고 날마다 연습했음에도 나의 골프 실력은 좀처럼 나아지지 않았다. 특히 비거리가 너무 짧았고 그럴수록 온몸에 힘이 들어가서 부상을 입기 일쑤였다. 나중에는 골프만 치면 온몸이 경직되고 팔, 다리, 목, 손가락까지 아팠다. 몸이 안 따라주니 스트레스만 늘어났다. 게다가 비즈니스 목적으로 골프를 배우다 보니 필드에 나가도 영 재미도 없고 함께 즐길 수 있는 마음 맞는 멤버들도 없어서 재미를 붙이지 못했다. 그러다 보니 한국에 돌아오면서 골프와는 저절로 멀어지게 되었다. 그게 벌써 10년 전의 일이다.

결혼 후에도 남편과 함께 골프를 치려고 몇 번이나 마음먹었다가도 몸이 쉽게 움직이지 않았는데, 그랬던 내가 말레이시아 한 달 살기를 위해 다시 골프를 시작하게 된 것이다. 이 정도 가성비라면 실패했던 것이라도 다시 한번 시도해 볼 용의가 있었다.

나는 이번 한 달 살기의 '엄마 미션'을 골프로 정하고, 쿠알라룸푸르행 항공권을 구매한 다음 날부터 골프를 연습하기 시작했다. 골프를 다시 배우려고 마음먹고 집 주위를 둘러보니 골프를 연습할 수 있는 곳이 너무도 많았다. 우리 아파트 바로 뒤에는 동네에서 가장 유명한 인도어 연습장이 있었고, 아파트 커뮤니티 센터에는 주민 전용 실내 연습장이 있었다. 게다가 집 주변 상가에도 수많은 스크린골프 센터가 있었다. 사람은 자신에게 필요한 것만 눈에 들어오기 마련이다. 늘 아이 학원들만 눈에 보이곤 했었는데 동네에 골프 시설이 이렇게 많은지 처음 알았다.

나는 집 앞 실내 골프장에 등록하고 가장 인상이 좋고 관대해 보이는 코치에게 레슨을 받게 되었다. 말레이시아에 가기 전까지 자세를 좀 완성하고 120타 안으로 들어오는 것을 목표로 비가 오나 눈이 오나 연습했다. 하지만 그 결과는 또다시 부상이었다. 특히 거리 좀 높여 보겠다고 힘을 줬다가 뒤땅이라도 치는 날에는 온 손가락뼈가 얼얼해서 며칠 동안 통증이 사라지지 않았다. 골프를 연습할수록 내가 왜 예전에 골프에 흥미를 못 붙였는지 다시금 떠오르고 있었다.

에라 모르겠다. 일단 가자. 푸른 필드에서 공을 치다 보면 재미가 좀 있겠지, 영 재미가 없으면 좋은 풍경 감상하며 산책이라도 하지 뭐, 산책도 더워서 지치면 클럽하우스에서 밥이라도 먹지 뭐.

나는 쿠알라룸푸르에서 아이를 학원에 보낸 후에 지인에게 추천받은 한국인 코치에게 레슨을 받기 시작했다. 레슨비는 한국과 비슷했지만 세심하게 티칭을 해주셨고 자유롭게 연습하는 1시간 내내 자세를 봐주셔서 단시간에 많이 배울 수 있었다.

또한 시간이 날 때마다 인도어 연습장에도 나가게 되었다. 내가 가장 좋아하는 장소는 몽키아라 근처에 있는 KLGCC의 인도어 연습장이었는데, 비회원으로 1시간 연습하는 비용이 한화로 약 9천 원밖에 되지 않아 부담 없이 즐길 수 있었다. 게다가 필드를 배경으로 식사를 할 수 있는 클럽 하우스가 동네 레스토랑보다도 저렴하고 맛도 좋았기 때문에 가지 않을 이유가 없었다.

아쉬웠던 점은 결국 쿠알라룸푸르에 머물렀던 한 달 동안 필드를 나가 보지 못했다는 것이다. 처음에는 무리하게 연습을 하는 바람에 팔꿈치와 손가락 관절에 통증이 심해서 필드에 나가지 못했고, 다시 연습을 시작하고 자세를 가다듬은 이후에는 설날 연휴가 시작되어 몽키아라 인근 골프장 예약이 힘들어졌다. 하지만 골프를 좋아하는 현지인 친구가 있어서 쿠알라룸푸르의 유명 골프장을 돌며 클럽하우스 밥을 야무지게 먹었으니 이번에는 이것으로 만족해 보기로 한다. 🥄

TIP!

몽키아라 인근의 골프장 소개

쿠알라룸푸르에는 유명한 골프장이 많지만 인기가 많은 곳은 회원제로만 운영되고 있다. 심지어 회원 심사가 매우 까다롭게 진행되는 곳도 있어 한 달 살기로 이곳을 찾은 여행자들이 쉽게 예약하기가 힘든 경우도 있다. 그러므로 이 책에서는 몽키아라에서 가까운 골프장 중에 한국인 에이전시가 상주하여 예약이 비교적 손쉬운 곳을 소개하고자 한다.

Tropicana Golf & Country Resort

몽키아라에서 차량으로 약 30분이 소요되는 가까운 골프장 중 하나로 말레이시아 5대 골프장으로 뽑힐 정도로 유명한 곳이다. 이스트 코스 9홀, 웨스트 코스 18홀로 총 27홀이 조성되어 있다. 인기가 좋은 곳인 만큼 주말에는 예약이 빨리 마감되니 적어도 2주 전에는 예약하는 편이 좋다. 한국인 회원이 많은 편이라 연습장에는 한국인 프로 코치도 있어 한국어로 레슨을 받을 수도 있다.
(한국인 에이전트 : 전화 +60-11-5167-9060, 카카오톡 msiagolf)

Glenmarie Golf & Counrty Club

몽키아라에서 차량으로 약 35분 소요되는 곳으로 유로 아시아컵 대회가 열린 명문 골프장이다. 가든 코스 18홀, 밸리 코스 18홀로 총 36홀이 조성되어 있으며 골프장 내 홀리데이인 호텔이 있어 가족들과 1박 코스로 즐기기에도 매우 좋다. 그 밖에 노캐디가 가능하고 전동카트가 페어웨이 내 진입도 가능하여 이용이 매우 편리하다.
(한국인 에이전트 : 전화 +60-16-386-9892, 카카오톡 dylan1221)

Kelab Golf Sultan Abdul Aziz Shah(KGSAAS)

샤알람에 위치한 27홀 코스의 골프장으로 몽키아라에서 차량으로 약 40분이 소요된다. 2018년 ADT 아시안투어를 개최한 전통 있는 명문 골프클럽으로 왕족들이 즐겨 찾는 곳으로 유명하며, 약 2만 5천 그루의 나무가 심어져 있어 아름다운 페어웨이를 거닐며 골프를 즐길 수 있다.
(한국인 에이전트 : 전화 +60-16-258-1318)

그 밖에도 몽키아라 인근 골프장으로 'Kuala Lumpur Golf & Country Club (KLGCC)', 'Saujana Golf & Country Club', 'Kelab Rahman Golf Club', 'Kelab Golf Seri Selangor' 등이 있으며, 골프장에 따라 1~2인 예약이 불가한 경우도 있으니 먼저 문의해 보고 예약을 진행해야 한다. 만약 인원이 부족해 예약이 어려운 경우에는 말레이시아 한인 커뮤니티에서 동행자를 찾거나 'Deemples'라는 앱에서 조인을 할 수도 있다.

Ep. 4 공부하는 아이, 운동하는 엄마

아이가 오전 9시에 셔틀을 타고 학원에 가서 추가 1:1 튜터링 수업까지 마치고 집에 오면 3시이다. 나에게 주어진 자유 시간은 6시간, 아이를 등원시키고 카페에 가서 일을 좀 하다가 운동하고 늦은 점심을 먹으면 아이가 하원한다. 여유 있게 보낼 수도 있는 시간이지만 핸드폰만 만지작거리다가 시간이 가버릴 수도 있다는 걸 알기에 나는 시간을 정해놓고 분주히 움직이는 것을 좋아한다. 엄마의 시간에서 가장 큰 부분을 차지하는 것은 단연 운동이었는데, 잦은 팔꿈치, 손가락 부상으로 골프를 자주 연습할 수 없게 되자 나는 새로운 운동을 찾아야 했다.

나는 한국에서도 오랫동안 요가를 수련해 왔고 다른 나라에 여행을 갈 때면 꼭 현지 요가원을 방문해서 그 도시만의 특별한 운치를 느끼곤 했다. 예를 들어 발리의 푸릇푸릇한 개방형 요가원에서는 바람이 살랑살랑 불어와 자연과 하나되는 느낌을 받았고, 인도네시아 길리섬의 요가원에서는 파도 소리를 온몸으로 느끼며 움직임을 즐겼다. 또한 어둡고 힙한 뉴욕의 요가원에서는 춤을 추는 듯한 역동적인 요가를 즐겼고, 제주도에서는 고요한 명상 같은 요가를 경험했다. 이렇듯 같은 스타일의 요가라고 해도 그 도시 특유의 분위기와 어우러지면서 마치 처음 경험해 보는 듯한 느낌을 받곤 했다.

그래서 쿠알라룸푸르의 요가는 또 어떤 분위기일지 궁금해졌다. 나는 몽키아라에 위치한 여러 요가원을 방문하여 시간표를 확인하고 각 강사의 수업 특성에 대해서도 문의했다. 다행히 대부분의 요가원에서는 처음 방문한 사람들을 위해 1회 체험권을 판매하거나 무료로 클래스에 참여할 수 있도록 해줘서 마음에 드는 클래스를 체험해 보고 선택할 수 있었다.

하지만 어떤 클래스에서도 이 도시만의 특색있는 분위기를 느낄 수가 없었다. 그도 그럴 듯이 한국과 거의 비슷한 대형 쇼핑몰 내 요가원에서, 가장 대중적인 요가 스타일인 하타, 빈야사 요가 수업을 들었고, 대부분 회원도 한국 사람들이어서 그냥 한국의 대형 요가원에서 수업을 듣는 것과 다름이 없었다. 신도시의 대형 요가원답게 시설도 좋고 시스템도 매우 체계적이었지만 해외 살이에서만 경험할 수 있는 특별함이 없는 것 같아서 결국 다른 운동을 알아보게 되었다.

여성 전용 GYM에서 PT를 받을지 대형 쇼핑몰 내에서 필라테스 수업을 들을지 고민을 하고 있던 차에, 한 서양 여자가 땀에 흠뻑 젖은 채로 운동복을 입고 어느 가게에서 나오고 있는 모습을 보게 되었다. 겉에서 보기

엔 평범한 가게처럼 보이는 곳이었는데 어떤 곳이길래 저렇게 상쾌하고 흥분된 표정으로 나올까? 궁금한 마음에 문을 열고 들어가 보니 소규모 GYM처럼 보이는 공간이었다. 홀에는 카운터와 사각형 링만 있을 뿐 아무런 운동 기구도, 운동하는 사람도 보이지 않아 의문이 증폭되었다. 직원에게 여기는 어떤 운동을 하는 곳이냐고 묻자 나를 홀 한쪽에 있는 작은 문으로 데리고 갔다. 작은 문을 빼꼼히 열자 예상치 못한 큰 음악 소리와 클럽을 연상케 하는 번쩍번쩍한 조명들이 보였다. 수업에 참여하고 있는 사람들은 모두 여자였는데 복싱 글로브를 낀 채 각자 천장에 매달려 있는 샌드백 앞에 서서 강사의 구령에 맞춰 몸을 움직이고 있었다. 요가나 필라테스 같은 정적인 운동에만 길들어 있던 나에게 매우 생소한 생동감이었다. 그리고 그 생소함이 나쁘지 않았다.

사실 이곳에 온 지 반이나 지난 시점이어서 새로운 운동을 도전하기에 시간이 다소 부족하다고 느껴졌지만, 여기에서만 할 수 있는 새로운 것에 도전해 볼 수 있다는 생각에 오랜만에 가슴이 뛰었다. 마침 이곳에서는 처음 시작하는 사람들을 위한 'Trial 3회권'을 매우 저렴하게 판매하고

있어서 더욱 도전해 보고 싶은 마음이 들었다.

후회하느니 그냥 도전하자. 잘 못하면 어때. 그럼 '이건 내 것이 아니구나' 하나 배우는 거지 뭐. 그렇게 시작한 3회 복싱 클래스였다. 첫 수업때는 뭐가 뭔지 따라가기에 바빴고 환기가 잘 안되는 밀집 시설에서 격렬한 운동을 하니 정신이 하나도 없었다. 그래도 처음이 반이라고 첫 수업을 이래저래 따라가고 나니 두 번째, 세 번째 수업에서는 강약과 패턴이 보이고 격렬한 운동 후에만 느낄 수 있는 특유의 희열도 조금씩 느껴졌다. 아이를 돌봐야 한다는 명분으로, 특히 해외에서는 아이의 보호자로서 절대 다치거나 아프면 안 된다는 신념으로 격렬한 운동을 안 해본 지 오래였다. 그래서인지 오랜만에 엄마로서의 신분을 망각하고 즐길 수 있었던 유쾌한 경험이었다.

TIP!

엄마를 위한 몽키아라 지역의 운동 시설 정보

몽키아라 지역은 고급 아파트와 쇼핑몰이 즐비한 곳으로, 아파트 단지마다 자체 GYM 시설을 보유하고 있고 대형 아파트에서는 거주민을 위한 요가, 줌바 등의 다양한 클래스가 운영되고 있다. 그리고 근처 쇼핑몰에는 피트니스 센터와 체력 단련을 위한 다양한 운동 시설이 있으니 나에게 가장 잘 맞는 센터를 찾아 운동을 시작해 보도록 하자. 아이를 학교나 학원에 보내고 나만의 루틴을 만들어 생활한다면 아이는 물론 엄마에게도 알찬 한 달 살기가 될 수 있을 것이다.

트라이브(TRIBE) 복싱 스튜디오

그룹 복싱 클래스를 운영하는 부티크 피트니스로 몽키아라와 트로피컬 가든에 각각 센터를 운영하는 체인 운동 시설이다. 이곳에서는 복싱의 기본 동작을 응용하여 50분 동안 리드미컬한 음악에 맞춰 춤을 추듯 복싱을 즐길 수 있다. 복싱 글로브를 착용하고 샌드백을 강타하는 것만으로도 스트레스가 다 날아가는 기분이다. 초보자를 위한 3회 패키지를 90링깃에 저렴하게 판매하고 있고, 10회 수업료는 500링깃으로 이곳 물가 대비 저렴한 편은 아니다. 하지만 한국에서는 쉽게 접할 수 없기 때문에 평소 액티브한 운동을 즐기는 사람이라면 한번 도전해 보도록 하자.

얼반 스프링(Urban Spring) 필라테스

아코리스(Acoris) 빌딩에 위치한 몽키아라에서 가장 핫한 운동 시설 중 하나로, 밖에서도 보이는 개방형 유리를 통해 언제나 수강생들로 가득 차 있는 수업 모습을 볼 수 있다. 이곳에서는 기구를 이용하는 '퍼포머 (Performer) 필라테스'와 요가처럼 매트 위에서 근력 운동을 하는 '매트 필라테스' 클래스를 운영하고 있다. 퍼포머 그룹 필라테는 회당 약 75링 깃이고(10회권 기준), 매트 필라테스는 1회당 약 60링깃(10회권 기준)으로 한국보다는 저렴하지만 이곳 물가에 비하면 비싼 편이다. 사실 몽키아라의 거의 모든 운동 시설은 평균 말레이시아 물가 대비 비싼 편인데, 외국인들이 밀집한 고급 아파트 단지이고 시설이 좋다는 것을 고려한다면 합리적인 수준의 수업료라고 생각한다.

원얼스(One Earth) 요가

샵플렉스(Shoplex) 쇼핑몰에 위치한 곳으로 하타(Hatha), 빈야사 (Vinyasa) 등 베이직한 요가 스타일을 다양하게 선보이고 있는 요가 센터 이다. 무엇보다 9시 전에 시작하는 타 요가 센터와 달리, 아이들이 등원하고 난 후 9시 반에 첫 수업이 시작되어서 몽키아라에서 한 달 살기를 하는 부모들에게 시간상으로 매우 적합한 곳이다. 수업은 보통 오전 9시 반, 오후 6시 반으로 하루 두 타임 운영되고 있고 금요일은 휴무이다. 처음 방문한 사람들을 위해 1회 체험권을 60링깃에 판매하고 있으며, 10회권 구매 시 회당 35링깃으로 매우 저렴해진다.

라이프(Life) 핫 요가

163 리테일 파크(163 Retail Park) 쇼핑몰에 위치한 요가원으로 내부 시설이 크고 쾌적하다. 기본적으로 핫요가는 약 40도의 온도와 40%의 습도로 맞춰진 환경에서 수련하는 요가 방법으로, 신진대사를 향상시키고 노폐물 배출에 도움을 준다고 알려져 있다. 우리나라에서도 핫 요가가 유행하던 시기가 있었는데 근육이 이완된 상태에서 평소 내 몸의 가용 범위보다 더 유연하게 움직일 수 있어 인기를 얻었다. 하지만 오히려 무리하게 동작을 시도하게 되어 부작용이 있다는 사람들도 있으니 내 몸에 맞는지 먼저 시도해 봐야 할 것이다. 이곳은 아침 7시 반부터 저녁 8시까지 다양한 클래스가 운영되고 있어 시간을 선택하기에 매우 편리한 장점이 있다. 핫 요가의 1회 체험권은 80링깃이며, 주 1회 한 달권 가격이 회당 75링깃으로 타 요가 센터보다 비싼 편이다.

Ep. 5 제이맘의 사교육은 계속된다

 사실 해외 한 달 살기를 계획할 때 가장 걱정이 되었던 건 다름 아닌 아이의 학습 루틴이었다. 지난 몇 년 동안 시행착오를 거치며 정착한 학습 루틴이 해외 살이 동안 틀어지는 것을 원하지 않았기 때문이다. 또한 한국에서 꾸준히 해오던 사교육을 받을 수 없다는 점도 내심 불안했었다. 그래도 우진이는 초등학교 입학을 두 달 앞둔 유치원생이었기 때문에 사교육에 대한 걱정이 덜한 편이었지만, 꾸준히 사교육을 해오던 초등학생들은 한 달 살기로 인해 보습 학원이나 예체능 수업을 받을 수 없다는 점이 가장 아쉬울 것이다.

 그렇기 때문에 나는 말레이시아에 체류하는 동안에도 학습 루틴과 사교육을 유지하기 위해 힘을 썼다. 사교육이라고 해서 한국에서처럼 거창하게 유명 학원에 등록하는 것은 아니었지만, 나름 '해외에서도' 유지할 수 있는 활동을 계속하고 '해외에서만' 즐길 수 있는 색다른 활동들을 경험하게 하고 싶었다.

 우진이는 보통 저녁을 먹은 후에 엄마와 영어, 사고력 수학 공부를 하고, 잠자리에 들기 전 한국어, 영어책을 골고루 읽어주는 루틴을 유지하고 있었다. 한국어책은 과학, 사회, 수학, 미술 영역에서 골고루 선택했고, 특히 창작 책은 서로의 생각을 나눌 수 있는 주제로 직접 도서관에서 한 권 한 권 골랐다. 영어책은 내용보다 레벨에 맞는 좋은 표현이 있는 책을 선택해서 읽어줬다. 그리고 금요일 저녁에 루틴을 끝낸 후에는 온 가족이 함께 '게임 나잇' 시간을 가졌는데 주로 수나 공간지각 능력을 키우기 위한 보드게임을 하며 늦게까지 TGIF를 즐겼다. 나는 그렇게 매일 반복되는 루틴의 힘과 룰을 깨고 마음껏 즐길 수 있는 일탈의 힘을 믿었고, 아이에게도 반복과 강약의 조화를 느끼게 하고 싶었다. 다행히도 우진이는 여태껏 큰 불평 없이 루틴을 지속했고 외출 후 늦게 귀가한 날조차도 본인이 그 루틴을 지키기 위해 노력했다.

그래서인지 한 달 살기를 준비하면서 과연 우리가 특수한 상황에서 이 루틴을 유지할 수 있을 것인지 조금 우려스러웠다. 이왕 학원까지 쉬는 김에 편하게 지내보자며 캐리어에서 태블릿 PC와 워크북을 모두 꺼내버렸다가도, 저녁 시간에 TV만 보고 있진 않을까 걱정이 되어 다시 챙기기를 반복했다. 결국 최대한 루틴을 유지해 보기로 하고 복습 수준의 쉬운 워크북과 보드게임, 몇 권의 책을 챙겨 들고 여행길에 올랐다.

결론적으로 우진이는 말레이시아에서 머무는 동안 매일 정해진 루틴을 반복했고 그것이 아이의 학습에 도움이 되었다기보다 안정감을 줬다고 본다. 하루는 숙소에 늦게 들어와서 내가 너무 피곤하길래 루틴을 건너뛰고 일찍 자자고 제안한 적이 있었는데, 우진이는 매일 하던 일과를 하고 책도 읽고 자야 마음이 편하다며 내가 잠든 시간에도 할 일을 야무지게 끝내고서 잠이 들었다. 내가 아이에게 너무 루틴을 강요한 것이 아닌지 죄책감마저 들었는데, 입장을 바꿔 생각하니 나 역시 새로운 환경에 적응할 때 예전부터 해오던 일을 계속함으로써 안정을 되찾곤 했다.

한번은 근처 아파트 커뮤니티 시설에서 태권도 수업을 한다는 소문을 듣고 찾아갔다. 우진이는 한국에서 2년 동안 태권도를 배워 왔고 국기원에서 품띠도 땄기 때문에 한 달 살기에서도 태권도 수련을 이어가고 싶어 했다. 이 수업은 원래 아파트 주민들을 위한 유료 수업이었지만 주민 소개를 통하면 외부인도 수업에 참여할 수 있다고 해서 단번에 등록을 했다. 안내를 받아 실내 체육장으로 들어가니 인도 국적의 강사 두 분이 다국적 어린이들을 가르치고 있었다. 수업은 간단한 몸풀기로 시작해서 태권도의 다양한 품새를 연습하고 마지막에는 격파나 겨루기 등 난이도 있는 동작까지 진행되었다.

하지만 3~4살 유아부터 중학생쯤 보이는 아이들까지 섞여 있어 실력이 제각각인지라 사범님 두 분이 돌아다니며 아이들 개개인을 봐주셨음에도 한계가 있었다. 게다가 외국인 사범님들의 수업 방식이나 동작에 대한 지침이 한국과 다소 차이가 있어 태권도를 꾸준히 배워 온 우진이로서는 이해가 안 가는 부분이 있었나 보다. 태권도 수업이 끝나자 우진이는 한국에서 배운 대로 동작을 했는데 사범님이 자꾸 틀렸다고 한다고 불만을 토로했다. 게다가 한국에서의 태권도 학원은 종합 체육 센터의 성격이 강해서 줄넘기, 뜀뛰기 등 운동과 각종 레크리에이션 활동을 하면서 아이들이 대근육을 쓰고 즐겁게 땀을 흘릴 수 있는 것에 초점을 두고 있었다. 이와 반대로 해외에서의 운동 종목은 그 운동을 수련하는 것 자체에 집중해서 수업을 진행하고 있어 미취학 아이들이 흥미를 갖고 배우기에 다소 어려운 점이 있었다. 그래도 다양한 태권도의 방법을 배워보자고 구슬려서 한 달 동안 총 4번의 태권도 수업에 참여했는데, 사실 우진이는 태권도 수업이 끝나고 옆에 있는 놀이터에서 놀고 싶어서 수업에 계속 참여했다.

　그 밖에 한국인 국가대표 선수가 운영하는 어린이 축구 교실에 등록한
적도 있었다. 몽키아라는 한국인들이 한 달 살이를 하러 많이 오는 지역
이라서 상담할 때부터 한 달 살기 가족이냐고 물으시더니 한 달 동안 아
이가 배울 수업 내용과 방식, 준비물 등에 대해 친절하게 설명해 주셨다.
하지만 막상 수업에 참여해 보니 외국인 선생님들이 수업을 진행하고 다
양한 국적의 아이들이 섞여 있었다. 또한 연령별로 반을 나누기는 했지
만 상대적으로 키도 크고 발육이 좋은 서양인 아이들의 몸싸움에 밀려 우
진이는 축구 수업 내내 볼을 만져볼 수도 없었다. 게다가 앞서 태권도 수
업에서 느낀 것처럼 오로지 '축구'에만 집중해서 수업이 진행되어 재미
있는 수업을 접해왔던 한국 아이들은 조금 지루한 표정이었다. 그래서인
지 우진이는 결국 반절도 채우지 못하고 수업을 그만두게 되었다. 시설도
좋고 강사들도 친절하셔서 엄마 마음에는 쏙 드는 곳이었지만 역시 내 아

이에게 맞는 수업은 따로 있다는 것을 다시 한번 느꼈다.

사실 내가 한 달 살이에서 가장 가르치고 싶은 것은 수영이었다. 쿠알라
룸푸르에는 숙소마다 수영장 시설이 있어 물에서 노는 시간이 많기 때문
에 꼭 이 기회에 수영을 가르쳐 보고 싶었다. 우진이는 한국에서 6살에 수
영 학원에 다닌 적이 있었다. 그때 유리창 너머로 수영 수업을 지켜보고
있다가 다른 아이가 사고가 날 뻔한 장면을 목격했고, 그 후로는 그 장면
이 자꾸 생각나서 결국 수영 학원을 그만두게 되었다. 그래서인지 다시
수영을 배운다면 강사가 아이를 전적으로 케어할 수 있는 1:1 수업을 받
게 하고 싶었다.

그래서 작년에 발리에서 두 달 살기를 할 때 현지인 강사에게 1:1 레슨
을 받은 적이 있다. 발리의 수영 선생님은 수업 때마다 장난감들을 많이
가져와서, 머리를 물속에 넣어야 할 때나 저쪽 끝까지 발차기로 이동해
야 할 때 장난감을 사용하여 흥미롭게 수업을 진행하셨다. 그래서인지
아이가 편안하게 물에 적응할 수 있었고, 두 달 동안의 수업 끝에 짧은 거
리에서 물 위로 얼굴을 내밀어 나아가는 등의 기초적인 수영을 배우게 되

었다. 하지만 선생님과 영어로 소통해야 해서 강사의 설명을 잘 이해하지 못하는 부분이 조금 아쉬웠다. 그래서 이번에는 꼭 한국인 강사에게 수영을 배워보게 하고 싶었다. 아무래도 수영은 안전과 밀접한 관련이 있는 운동이라서 모국어로 중요한 사항에 대한 지침을 듣는 것이 중요하다고 생각했기 때문이다.

결론적으로 수영 1:1 레슨은 한 달 동안 3번밖에 받지 못했는데, 이미 많은 학생을 가르치고 있는 강사의 스케줄로 인해, 그리고 수시로 비가 오고 천둥 번개가 치는 우기의 날씨로 인해 시간 맞추기가 쉽지 않았기 때문이다. 그럼에도 불구하고 세 번의 한국인 강사 수업은 현지인 강사에게 두 달 동안 받은 수업보다 더 효과적이었다고 생각한다. 우리는 모국어로서 경험을 저장하고 사고하기 때문에 긴급한 순간에 몸을 바르게 움직이게 하는 언어 또한 모국어이다. 그래서인지 한국어로 명확한 지침과 몸을 움직이는 방법을 배웠을 때 아이들이 더욱 자신감 있게 움직이는 것 같았다.

말레이시아에서 경험했던 사교육 중에서 우진이가 가장 좋아했던 수업은 미술이었다. 한국에서도 창의 미술 수업에 꾸준히 참여해 왔고 다양한 재료로 생각을 표현하는 걸 좋아하는 아이라서 한 달 살기에서도 이런 수업을 경험하게 하고 싶었다. 처음에는 대형 쇼핑몰 안에 있는 어린이 미술 아카데미에 문의를 했다. 하지만 대부분 그림과 채색 위주의 수업이어서 우진이가 좋아하는 만들기 수업 위주의 학원을 다시 찾아보기 시작했다. 꼭 한국인 강사의 수업을 고집한 건 아니었지만 다양한 재료를 사용하고 선생님이 친절하시다고 소개를 받은 곳이 마침 몽키아라 인터네셔널 스쿨(MKIS) 옆에 위치한 한국인 미술 학원이었다. 이곳은 유명 국제학교의 옆이었기 때문에 한 달 살기 아이들보다는 정기적으로 다니고 있는 국제학교 아이들이 많은 편이었다. 마침 몽키아라에 거주하는 친구의 아이들도 미술 학원을 알아보고 있는 참이라 우진이까지 세 아이를 데리고 미술 학원에 방문했다. 작은 규모의 아뜰리에였지만 다양한 미술 재료들이 교실을 꽉 메우고 있었고 아이들이 실, 종이, 나무, 천 조각 등을 자유자재로 사용하며 실리콘 건 같은 도구들을 이용해 자신만의 작품을 만드는 모습이 인상적이었다.

무엇보다 수업료를 회당으로 나누어 납부할 수 있어 단기로 머무는 여행자들에게 합리적이었다. 예상했던 대로 첫 수업 이후 아이들의 반응은 폭발적이었다. 특히 수줍음이 많아 적응에 시간이 걸리던 친구의 아이가 단번에 그 학원을 좋아하게 된 것은 매우 이례적인 일이었다. 첫 수업에서는 수면 양말을 이용하여 나만의 토끼 인형을 만들었는데 삐뚤빼뚤 바느질해서 만든 토끼들이 어찌나 귀엽고 사랑스러운지 나조차도 미술 학원 가는 날이 기다려질 정도였다.

사실 아이가 집에 오면 오붓하게 가족 시간을 보내는 것을 선호하는 부모도 있다. 여기까지 와서 학습 루틴을 지키고 사교육을 시키는 것이 어찌 보면 너무 극성스러워 보일 수도 있다. 하지만 나는 기본적으로 아이와 집에서 노는 것이 성격에 맞지 않는다. 그 대신 하루하루를 액티비티로 채워주고 여기저기 데리고 다니며 새로운 체험을 해주는 몸이 바쁜 육아를 선호한다. 그래서 나에게는 하교 후의 일과를 체험이나 사교육, 루틴 등으로 채워 주는 것이 중요했고, 역설적으로 저녁에 아이와 책을 읽으며 교감하는 시간이 더더욱 소중했다. 하지만 모든 가족의 스타일이 다르므로 정답은 없다. 그 가족만의 가치와 문화를 해외 살이에서도 계속 지켜나간다면 그것만으로도 아이는 안정감을 느낄 수 있을 것이다.

TIP!

몽키아라 지역의 예체능 학원 정보

몽키아라 지역은 쿠알라룸푸르의 부촌답게 다양한 사교육 시설이 있다. 사실 한 달 살기를 하는 아이들이 다니는 어학원들도 학기 중에는 국제학교 아이들을 위해 영어, 수학 과목을 가르치는 한국식 보습 학원이다. 또한 쇼핑몰 구석구석에는 미술, 스케이트, 축구, 수영 등의 다양한 예체능 학원들이 있어 마음만 먹으면 뭐든지 배울 수 있는 곳이라고 해도 과언이 아니다. 게다가 숙소로 와서 개인 과외를 해주시는 출강 강사들도 많으니 이 기회에 국,영,수 위주의 사교육에서 벗어나 평소에 배우고 싶었던 것을 신나게 즐기게 해주는 것은 어떨까?

Mum & Kids Art School

163 리테일파크 3층에 위치한 곳으로 원래 미술을 테마로 하는 유치원인데 쇼핑몰 내 다른 공간에서 애프터스쿨 프로그램으로 미술 수업을 운영하고 있다. 각 수업은 현지인 강사가 영어로 1시간 30분씩 진행하며 평일 2시, 3시 반 수업에 참여할 수 있다. 1회 체험 수업 시 95링깃, 한 달 동안 4회 수업 참여 시 360링깃이다.

Kids In Wonderland

몽키아라 인터네셔널 스쿨(Mont Kiara International School) 근처 Almaspuri 콘도 1층 상가에 위치한 한국인 미술 학원으로 평소에 다뤄보기 힘든 다양한 재료를 활용한 창의 미술을 경험할 수 있다. 수업은 1시간 반 정도 소요되어 작품 만들기에 집중할 수 있는 충분한 시간이 제공되며, 수업료는 4회 기준 250링깃으로 매우 합리적이다. 또한 1회 수업료로 체험 수업이 가능하여 한 달 살기족도 원하는 기간 동안 수업을 들을 수 있다. 이곳은 쇼핑몰에 입점한 미술 학원에 비하면 장소가 협소한 편이지만, 강사가 아이들이 미술 재료를 다양하게 사용할 수 있도록 독려하고 무엇보다 아이들이 편안한 분위기에서 나만의 작품을 만들 수 있도록 수업이 진행되어서 창작 욕구가 높은 아이들에게 안성맞춤이다.

Blue Ice Skating Rink

쿠알라룸푸르에 총 3개 지점을 운영하는 체인으로 몽키아라에서는 163 리테일 파크 3층에 위치하고 있다. 링크 사이즈는 작은 편이지만 더운 나라에서 유일하게 1년 내내 동계 스포츠를 즐길 수 있는 곳인 만큼 항상 사람이 많다. 평일 수업은 1회 30분 기준으로 1:1 수업은 85링깃, 5:1은 수업

57링깃이고, 수업이 끝나면 아이스링크에서 자유롭게 연습할 수도 있다.

Happy Fish Swimming Pool

163 리테일 파크의 블루 아이스링크 안쪽에 위치한 어린이 전용 수영장으로 4개월 영유아부터 초등학생, 성인까지 레슨이 가능한 곳이다. 하지만 어린이 전용 풀인 만큼 수영장 사이즈가 크지 않아 초등학생까지 적합하며, 집이나 숙소에서 레슨을 받을 수 있는 출강 수업도 신청 가능하다. 5~12세의 어린이의 경우 10번 레슨에 760링깃으로 그룹 수업에 등록할 수 있다. 특히 유아 수영을 위한 부대 시설이 잘되어 있어 미취학 동생과 함께 수영을 배우기에 편리하다.

KDH Football Academy

  한국 국가대표 선수 출신이 설립한 어린이 축구 교실로 몽키아라 내 두 곳(원몽키아라, 163 리테일 파크)에서 수업이 진행된다. 수업은 성별, 연령에 따라 분반이 이루어지며 각 수업마다 장소가 다르니 미리 확인해야 한다. 수업에서 아이들을 가르치는 강사들은 모두 외국인이며 학생 또한 한국인보다 외국인 학생들이 많은 편이다. 이곳은 한 달 살기 학생들도 많이 오는 곳인데, 65링깃에 체험 수업을 신청할 수 있어 한 번 참여해 본 후에 결정할 수도 있다. 한 달 4회 기준 수업료는 250링깃으로 유니폼과 축구 양말 착용을 권장하고 있지만 개인 운동복과 편한 운동화로 수업에 참여하는 아이들도 많으니 부담 없이 수업에 참여해 볼 수 있다.

EP. 6 하원 후에 갈 수 있는 쿠알라룸푸르 틈새 즐기기

 한 달은 길다면 지루할 정도로 길고, 짧다면 어떻게 지나갔나 싶을 정도로 짧은 시간이다. 이번 한 달 살기에서는 총 3번의 주말과 1번의 설날 연휴가 있었는데 주말과 연휴만 이용하기에 쿠알라룸푸르에는 즐길 거리가 너무 많았다. 그래서 우리는 이곳에서의 시간을 최대로 활용하기 위해 주말과 연휴에는 장거리 여행을 가거나 조금 먼 지역에 가서 관광을 하고, 평일에는 학원 일정을 마친 후 가까운 관광지에 가서 가볍게 오후 시간을 즐겨보기로 했다.

 몽키아라에서 평일 오후에 가장 가볍게 다녀올 수 있는 곳은 쿠알라룸푸르 '국립 과학관(National Science Center)'이다. 이곳은 몽키아라에서 차량으로 약 10분밖에 걸리지 않는 곳에 위치해 있는데 외관이 무지개색으로 화려하게 장식되어 있어 한눈에 아이들의 관심을 끌었다. 국립 과학관에서는 다양한 특별 전시도 관람할 수 있어서 하원 후에 오후 시간을 보내기에 좋았고, 공간이 넓고 과학 실험 교구가 많아서 아이들의 호기심을 자극하기에 충분했다. 특히 우진이는 공룡 특별전을 가장 좋아했는데, 공룡 화석을 전시해 놓고 VR로 공룡이 살아 있을 때의 모습을 재현하여 관람할 수 있게 한 것이 인상적이었다. 그리고 실제 공룡 시대처럼 꾸며 놓은 넓은 홀이 있어 아이들이 마치 공룡 시대에 타임머신을 타고 간 것처럼 신기해하며 관람을 했다. 하지만 주변에 놀거리나 식당가가 없어서 관람을 마치고 바로 다른 지역으로 이동해야 한다는 점이 다소 아쉬웠다.

사실 나는 어느 도시를 가든지 우진이를 데리고 과학관을 방문해 왔다. 하지만 아직 나이가 어리기 때문에 물리 이론이나 자연 현상에 대한 실험을 이해하는 데 한계가 있었고, 동물이 포함된 자연사 전시나 탈 것, 중장비 등의 도구가 나오는 전시를 좋아했다. 이런 점에서 국립 박물관은 우진이가 이해하기에 다소 난이도가 높았고, 상대적으로 '디스커버리 센터(The Discovery Centre)'가 어린 아이들에게 더 흥미로워 보였다.

디스커버리 센터는 시내 중심 페트로나스 트윈 타워(Petronas Towers)에 위치한 사설 박물관으로, 공간은 국립 과학관보다 작지만 흥미 위주의 볼 것들이 많고 실제로 체험해 볼 수 있는 도구들이 많아 미취학이나 저학년 아이들에게 더 적합한 장소였다. 특히 자동차, 로봇 등이 움직이는 원리를 체험해 볼 수 있었고, 미니 중장비를 조종해서 물건을 나르는 등 흥미로운 체험을 직접 해볼 수 있어서 남자아이들이 더 좋아할 만한 곳이었다. 또한 작지만 공룡 시대를 꾸며 놓은 공간이 있어 유아들도 충분히 즐길 수 있었다. 우진이는 디스커버리 센터를 너무 좋아해서 몇 번이나 방문했는데 매번 문을 닫을 때까지 놀고 클로징 안내방송이 나와야만 그곳에서 나오곤 했다.

한번은 아이와 하원 후에 KLCC(Kuala Lumpur City Centre)에 있는 아쿠아리움(Aquaria KLCC)에 방문했다. 우리는 여러 도시에서 아쿠아리움에 가 본 적이 있었는데 처음에는 놀랍고 신비로웠지만 모든 아쿠아리움이 어종과 전시 형태가 비슷해서 나중에는 조금 지루하기도 했다. 하지만 열대 도시에서의 아쿠아리움은 색다를 것도 같았고 도심 한복판에서 즐길 수 있다니 뭔가 특별한 기분도 들어서 이곳을 방문하게 되었다. 표를 사고 안으로 들어가니 내부가 생각했던 것보다 작아서 조금 놀랐지만 동선을 효율적으로 구성해 놓아 여러 가지 어종을 관찰할 수 있었다. 하지만 이곳 역시 한국의 아쿠아리움과 별다른 차이가 없어서 해외에서만 즐길 수 있는 특별함을 느낄 수 없었다.

　추가 비용을 지불하고 북극곰 VR 룸에 들어가니 한 벽면을 가득 채운 모니터를 통해 내 옆에 이글루와 북극곰이 있는 것 같은 가상 현실이 펼쳐졌다. 사실 요즘은 국내외 어느 곳을 가도 대세는 '가상 세계'이다. 최근에 아이와 갔던 롯데월드에서도 큰 공간을 차지하는 물리적인 놀이기구 대신 VR과 4D 기술을 이용한 놀이기구들이 많아지고 있어 개인적으로 조금 씁쓸한 기분이었다. 이제 곧 메타버스로 해외여행을 즐기고 4D 롤러코스터를 타고 VR로 동물 먹이를 주는 날이 오겠지. 우리 아이들은 이런 기술을 통해 더 많은 활동을 경험할 수 있겠지만 '가상 세계'가 주는 씁쓸함은 아날로그 감성을 가진 기성세대들의 몫인 것 같다.

　쿠알라룸푸르에서 여러 실내 시설을 방문하며 느꼈던 점은 생각보다 실내 온도가 너무 낮다는 것이었다. 그래서 반소매만 입고 갔을 때 아이는 물론 나도 덜덜 떨면서 관람을 서둘러 마쳤던 적도 있고 너무 추워서 근처 쇼핑몰에서 바람막이 재킷을 사 입은 적도 있었다. 또한 우리나라와 비교했을 때 성인 관람객들이 많다는 점도 조금 생소했다. 과학관, 아쿠아리움뿐만 아니라 KLCC 실내 놀이터 '슈퍼파크(SuperPark Malaysia)'

에도 어른들이 아이들만큼 많았다. 어른들은 주로 데이트족이었는데 아이처럼 트램펄린에서 뛰고 고무공을 던지거나 구조물을 빠져나오는 등의 놀이를 하고 있어서 처음에는 그 모습이 조금 낯설었다. 나중에 현지인 친구에게 물어보니 더운 열대 도시의 특성상 바깥 활동이 적고 대형몰 중심으로 레저 생활이 한정되어서 어른들도 휴일을 즐기기 위해 레져 시설을 많이 찾는 편이라고 한다. 물론 좋은 점도 있다. 주변에 신나게 뛰어노는 어른들이 많으니 나도 이참에 그들 속에 섞여 처음으로 아이와 트램펄린을 타고 신나게 뛰어 보았다. 어랏? 이거 생각보다 스트레스 풀리는데? 역시 노는 데는 애 어른이 따로 있는 게 아닌가 보다.

날씨가 좋은 날에는 자전거를 타고 호숫가를 돌 수 있는 '데사 파크시티(Desa Parkcity)'에 가곤 했다. 이곳은 몽키아라에서 10분 정도 소요되는 조용하고 아름다운 동네로, 쇼핑몰과 호숫가를 중심으로 평온한 거주 지역이 펼쳐져 있는 곳이었다. 마을 중심에 있는 쇼핑몰 뒤편에는 꽤 큰 사이즈의 놀이터도 있어서 아이들이 좋아했고, 어른들은 맛있는 음식을 먹고 호수 주변을 산책할 수 있어서 좋았다.

데사 파크시티에 있으면 노후를 여기에서 보내고 싶다는 생각이 저절로 들었다. 편안한 분위기의 호숫가 마을, 쇼핑몰도 고층 건물이 아니라 미국의 아울렛처럼 빌리지 스타일이고, 인근에 대형 병원이 있고 공기도 좋아 노년을 보내기 좋은 곳이었다. 이런 생각을 하며 놀이터에서 놀고 있는 우진이를 보자 언젠가는 엄마와 한 달 살기가 아닌, 노후를 보내러 온 엄마를 보러 이곳에 잠시 들를 수도 있다는 생각이 들었다. 생각보다 삶이 짧다. 핏덩이로 태어나서 입만 오물거리던 작은 아기가 이렇게 놀이터에서 뛰어놀고 있는 걸 보면 더욱 실감이 난다. 내가 할머니가 되는 날도 생각보다 빨리 올 거라는 걸.

내가 할 수 있는 일이라곤 오늘을 즐기고 아이와 더 많은 시간을 보내는 것뿐이다.

TIP!

KLCC(KUALA LUMPUR CITY CENTRE) 백배 즐기기

　KLCC는 쿠알라룸푸르의 중심지이자 아이와 함께 즐길 거리가 가득한 곳이다. 내가 미혼 시절에 이곳을 방문했을 때는 이곳을 단지 쇼핑과 식당가 정도로만 생각했는데, 아이와 함께 와보니 가족을 위한 레저 시설이 생각보다 많아서 여행 내내 즐겨 찾게 되었다. 하원 후에 특별한 계획이 없다면 일단 KLCC로 출발해 보도록 하자.

　페트로나스 트윈 타워 내부에는 대륙 사이즈의 '수리아 몰(Suria Mall)'이 있는데 명품 브랜드부터 글로벌 SPA 브랜드까지 다양한 상품을 구경하고 구매할 수 있다. 또한 유명한 푸드 체인들도 많이 입점해 있으니 골라서 먹는 재미도 느낄 수 있다. 우리는 이곳에 갈 때마다 페낭 음식 전문점인 'Little Penang'에서 새우탕면을 먹고, 디저트로 'Bisou'에서 컵케익을 먹었는데 이국적이면서도 한국인의 입맛에 아주 잘 맞았다.

페트로나스 트윈 타워 내부에는 앞에서 설명한 '디스커버리 센터(The Discovery Centre)'가 있어 아이들과 흥미로운 시간을 보낼 수 있다. 또한 컨벤션 센터(Convention Centre)에는 '푸드 코트'와 '아쿠아리움(Aquaria KLCC)'이 있어 도심 한가운데서 심해의 동물들을 구경할 수 있고, 페트로나스 타워 길 맞은편에 위치한 Avenue K 쇼핑몰에는 아이들이 좋아하는 대형 키즈 카페 '슈퍼파크(SuperPark Malaysia)'가 있어서 저녁 7시 반까지 아이들이 신나게 뛰어놀 수 있다. 디스커버리 센터와 아쿠아리움, 슈퍼파크 모두 클룩(Klook)에서 미리 예매를 하면 더욱 저렴하게 즐길 수 있다.

또한 페트로나스 타워에서 분수대 방향으로 걸으면 자연스럽게 KLCC 공원으로 들어가게 되는데 이곳에는 분수와 연결된 수영장(KLCC Swimming Pool)과 광활한 어린이 놀이터가 펼쳐져 있다. 공원 내부의 숲도 멋지지만 어린이들은 대륙 사이즈의 거대한 놀이터를 보면 쏜살같이 달려갈 것이다. 놀이터 내부가 너무 넓고 미로 같아서 아이의 위치를 꼭 주시하고 있어야 한다. 또한 더운 날씨에 당장 뛰어들고 싶은 넓은 실외 수영장이 있지만 수질 관리가 철저해 보이지 않아 피부가 예민한 아이들의 경우 조심해야 한다.

KLCC 즐기기의 클라이맥스는 단연 '심포니 분수 쇼(KLCC Lake Symphony Light and Sound Water Fountain)'이다. 분수 쇼는 오후 7시 반부터 10시까지 이어지는데 해가 지면 사람들이 하나둘씩 분수 앞으로 모여든다. 쇼는 일반적인 분수 쇼와 음악 분수 쇼로 나눠지고 정각마다 오페라나 영화 음악에 맞춰 분수쇼가 진행되는데 스케일과 사운드, 그리고 분수 디자인이 압도적이라서 어른이고 아이고 빠져들게 된다. 나는 장난꾸러기 아이들 세 명과 함께 이 분수 쇼를 관람했는데, 처음에는 놀이터에서 더 놀겠다며 떼쓰던 아이들이 눈을 반짝이며 분수 쇼를 관람하는 모습을 보고 매우 신기하고 행복했었다.

하지만 KLCC를 즐기기 위해 꼭 알아둬야 할 것은 바로 '교통수단'이다. 몽키아라에서 쉽게 오갈 수 있는 대중교통이 없기 때문에 일반적으로 그랩 택시를 이용해야 하는데, 이곳은 시내 중심이라서 퇴근 시간과 맞물리거나 분수 쇼가 끝나 사람들이 일제히 귀가하는 시간이 되면 그랩 택시를 잡기 매우 힘들다. 몽키아라에서 출발 시에는 꼭 5시 이전에 출발해서 혼잡한 시간을 피하도록 하고, 저녁에 돌아갈 때는 분수 쇼가 끝나기 전에 나와서 한발 먼저 택시를 불러야 고생하지 않고 하루를 마무리할 수 있을 것이다. 그랩 택시를 부를 때는 페트로나스 타워보다 그 옆에 위치한 포시즌스 호텔로 부르는 것이 더욱 편리하다.

EP. 7 한 달 살기에서 이웃 만들기

한 달 살기를 돌이켜 보면 가장 즐거웠던 순간은 늘 그곳에서 만난 사람들과의 추억이었다. 물론 여기에 온 목적은 아이의 어학과 낯선 곳에서의 새로운 경험이었지만, 좋은 사람들과 함께했을 때 그 경험은 배가 되고 추억은 더 빛나게 되는 것 같았다. 한 달이라는 짧은 시간 동안 이웃을 만든다는 것이 어찌 보면 너무 단기적이고 의미 없는 일 같지만, 다시 생각하면 낯선 곳에서 아이와 둘이 지내는 상황에서 가장 필요한 일일 수도 있다. 특히 아이가 외동일 경우에는 이웃이 더욱 절실하다. 나와 비슷한 상황의 이웃을 만났을 때 아이는 또래를 만나 즐겁고 엄마는 비로소 숨통이 트인다. 둘이 가기엔 다소 불안한 여정도 함께여서 더욱 안전하고 즐겁고, 운이 좋아 나중에 한국에서까지 인연이 이어진다면 더더욱 고마운 일이고.

예전에 발리에서 두 달 살기를 했을 때는 아빠가 같이 있다가 먼저 한국으로 귀국한 상황이어서 아이도 나도 무척 외로웠다. 그래서인지 더욱 적극적으로 이웃을 만들기 시작했고 감사하게도 한국인, 현지인 등 고마운 이웃들을 만나 이벤트 같은 하루하루를 보낼 수 있었다. 하지만 쿠알라룸푸르에 와서는 몽키아라에 사는 친구 가족이 있어 외로울 틈이 없었고, 마침 발리에서 만났던 이웃 태윤이네가 미리 한 달 살기에 와 있어서 엄마들은 엄마들대로, 아이들은 아이들대로 즐거운 시간을 보낼 수 있었다.

문제는 태윤이네가 먼저 귀국하고, 몽키아라에 사는 친구는 회사 일이 바빠져 출장과 야근이 많아지면서부터였다. 아이를 학원에 보내고 혼밥을 먹는 날이 많아졌고, 아이와 둘이서만 놀러다니는 일이 많아지면서 나도, 우진이도 조금씩 심심해지기 시작했다. 쿠알라룸푸르는 안전하고 쾌적한 도시였지만 즐길 거리가 한국과 비슷비슷해서 키즈 카페도, 과학관도, 공원도 조금씩 지루해지던 차였다. 언제나 사람은 오고 갔지만 나에게 절실함이 없을 때는 보이지 않던 사람들이 조금씩 보이기 시작했다. 그때 아이를 데려다주다가 인사를 하며 알게 된 J언니를 카페에서 우연히 마주쳤는데, J언니는 현지 휴대폰 유심에 문제가 생겨 인터넷을 쓸 수 없는 상황이었다. 나도 겪어봤던 문제라서 간단하게 휴대폰 설정을 바꿔 문제를 해결해 줬고 자연스럽게 같이 식사하는 사이로 발전하게 되었다.

  J언니에게는 아이들끼리 같이 수영 레슨을 받는 이웃이 있었는데, 나와 동갑내기인 Y였다. 배려심 많고 세심한 J언니, 당차고 똘똘한 Y, 그리고 실행력 좋은 나는 그 후로도 자주 모여 한 달 살기의 고단함을 수다로 풀고 골프도 같이 다니며 좋은 이웃이 되었다. 때로는 아이들과 다 같이 모여 키즈 놀이시설에 가기도 하고, 시내에 가서 저녁 늦은 시간까지 놀기도 했다. 나 혼자였다면 못했을 일을 이웃들 덕분에 경험할 수 있었고, 정보도 두 배가 되고 즐거움도 세 배가 되었다. 특히 길고 긴 설 연휴에는 이웃들과 함께 키즈 놀이시설을 방문하곤 했는데 혼자였다면 다소 낯설어했을 아이들이 함께이기에 더 신나는 시간을 보낼 수 있었다.

  요즘은 아빠 없이 해외에서 한 달 살기에 도전하는 가족이 많아지고 있다. 사실 엄마와 아이만 머무는 해외 살이에는 안전이 최우선이다. 그렇기 때문에 치안이 좋은 도시를 선택해야 할 것이고, 그곳에서 위급한 상황에 챙겨줄 수 있는 지인이 있다면 가장 좋을 것이다. 이런 이유로 한국에서부터 팀을 짜서 같이 온 가족들도 많이 볼 수 있었다. 하지만 한 달이라는 시간 동안 서로 다른 가족이 함께 지내면 없던 불만도 쌓일 수밖에 없다. 저마다 익숙해진 '가족 문화'라는 것이 있기 때문이다. 식사 후에 설거지를 바로 하는 집도 있고, 저녁을 꼭 6시에는 먹어야 하는 집도 있다. 유튜브 시청을 금지하는 집도 있고 9시에는 무조건 아이를 재워야 하는 집도 있다. 이런 '가족 문화'와 가정 내 규칙들이 서로 충돌하면 아무리 성격 좋은 사람이라고 해도 불편함을 느낄 수 있을 것이다. 이런 이유로 설령 지인 가족과 같이 한 달 살기에 도전한다고 해도 꼭 숙소는 분리해야 할 것이다. 그리고 내 경험에 의하면, 아이로 인해 친해진 가족보다는 원래 엄마들이 친구인 가족들이 더 좋은 결과로 이어지는 경우가 많았다. 내 아이의 친구보다는, 내 친구의 아이에게 더 관대할 수 있기 때문이다.

하지만 지인이 없는 곳이라고 해서 한 달 살이를 할 수 없는 건 아니다. 상황이 비슷한 가족들끼리 얼마든지 친해질 수 있고 이후에도 그 인연을 계속 이어 나갈 수 있으니 주저 말고 이웃에게 인사를 해보자. 물론 '이 여자 왜 친한 척이야?'라는 표정으로 지나쳐 버리는 사람도 있을 것이다. 하지만 반가워하며 커피 한 잔 함께 하고 싶어 하는 사람이 어디엔가 있다. 한 달 살이에도 용기를 냈듯이, 이웃 만들기에도 용기가 필요하다. 만약 잘 맞는 이웃이 생긴다면 한 달 살기의 퀄리티가 달라질 것이다.

TIP!

몽키아라 인근의 키즈 놀이 시설 소개

앞서 설명했듯이 쿠알라룸푸르에는 아이들을 위한 전문 놀이시설이 많다. 도시 중심인 KLCC에도 많지만 몽키아라 인근 지역에도 쉽게 갈 수 있는 놀이시설이 즐비하다. 특히 말레이시아의 놀이 시설은 대부분 대형 몰 내부에 있기 때문에 식사와 쇼핑까지 한 번에 해결할 수 있어서 편리하다. 하지만 대부분 한국과 비슷한 형태로 운영되기 때문에 해외 살이만의 특별함을 느낄 수 없는 단점도 있다. 그럼에도 불구하고 저렴한 비용으로 검증된 시설을 즐길 수 있어 인기가 많다.

키자니아 (Kidzania)

키자니아는 어린이 직업 체험을 테마로 하는 글로벌 체인 시설로 몽키아라에서 차량으로 약 20분 소요되는 'Curve Nx'에 위치하고 있다. 글로벌 체인인 만큼 국내의 키자니아와 거의 동일한 시스템으로 운영이 되고 있고 46가지의 직업을 체험해 볼 수 있다. 국내의 키자니아에서는 체험을 위해 줄을 서고 기다리는 시간이 긴 편인데, 이곳은 주말에도 인기가 많은 몇 항목을 제외하고는 대부분 대기 시간 없이 체험을 즐길 수 있어 편리하다. 하지만 경찰, 소방관, 초콜릿 공장, 피자 가게 같은 인기가 많은 직업의 경우 30분~1시간 정도 기다려야 할 수도 있다. 대기 방식은 국내와 동일하게 어린이가 직접 줄을 서야 한다. 입장료는 어린이 100링깃, 어른 61링깃이나, 클룩(Klook)에서 미리 구매하면 약 10% 저렴한 가격으로 구매할 수 있다.

캠프5 클라이밍 체험 센터 (Camp5 Climbing Gym)

아이들뿐 아니라 온 가족이 함께 실내 클라이밍을 체험할 수 있는 실내 암벽 시설로, 쿠알라룸푸르에 6개 지점을 운영하는 체인점이다. 이 중에서 몽키아라에서 가장 가까운 지점은 대형쇼핑몰 원우타마(1Utama)에 위치한 곳으로 차량으로 약 20분 정도 걸린다. 캠프5 홈페이지를 통해 1시간 동안 레슨과 함께 체험을 할 수 있는 프로그램을 신청할 수 있으며, 장비를 포함한 체험 가격은 55링깃이다. 체험이 끝난 후에는 자유롭게 클라이밍과 볼더링을 체험해 볼 수 있으며 가이드들이 곳곳에 배치되어 있어 안전하게 즐길 수 있도록 도와준다. 내부에는 간단한 식사가 가능한 카페가 있어 아이들이 체험하는 동안 편안하게 쉴 수 있고 음식도 생각보다 맛있다.

윈드랩 실내 스카이다이빙 (WINDLAB Indoor Skydiving)

캠프5 클라이밍 센터가 있는 원우타마(1Utama) 쇼핑몰에 위치하고 있어 두 곳을 함께 방문하기 좋다. 윈드랩 스카이다이빙은 간단한 교육을 받고 약 1분 동안 바람의 힘을 이용하여 공중에 떠 있는 체험인데, 체험 시간이 짧고 강사가 바로 옆에서 1:1로 케어해주고 있어 미취학 어린이도 도전해 볼 수 있다. 비록 짧은 시간이지만 매우 특별한 경험이라서 온 가족이 함께 즐기기에 좋다. 국내에도 비슷한 체험이 있지만 가격이 국내보다 훨씬 저렴하니 쿠알라룸푸르에서 한번 도전해 보도록 하자. 홈페이지를 통해 예약하면 2회에 99링깃이나, 클룩(Klook)에서 미리 예약하면 81링깃에 체험이 가능하다. 또한 우주 비행사 같은 유니폼을 입고 체험을 하기 때문에 사진을 남기기에도 좋으며, 사진 촬영 서비스는 가족당 70링깃으로 별도 부과된다.

키즈네이션 (Kidz Nation)

 차를 타고 나가지 않아도 몽키아라 지역에는 도보로 접근 가능한 키즈 카페들이 있다. 그중에서 가장 넓고 접근성이 좋은 곳이 키즈네이션인데, 몽키아라 상가의 중심에 해당하는 163 리테일 파크 안에 있는 대형 키즈 카페이다. 이곳은 작은 장난감보다는 트램펄린이나 미로 같은 대형 구조물들이 많아 너무 어린 유아보다는 6살 이상의 아이들이 땀을 흠뻑 흘리며 놀기 좋은 곳이다. 특히 한국처럼 부모들이 앉아 쉴 수 있는 별도의 공간과 간단한 스낵을 파는 매점이 있어 아이와 엄마 모두에게 편리한 공간이다. 이용료 주중에는 50링깃, 주말에는 60링깃으로 오전 10시부터 저녁 8시까지 놀 수 있으며, 보호자 입장료는 5링깃이다. 몽키아라에는 키즈네이션 외에도 몇 곳의 키즈 카페가 있지만 대부분 공간이 협소하고 부모를 위한 별도의 공간이 없어서 키즈네이션을 가장 추천한다.

블록 스페이스 (Blok Space)

163 리테일 파크 안에 있는 블록 놀이방으로 슬라임 카페도 겸하고 있어서 모든 성별의 아이들이 좋아하는 곳이다. 여러 가지 레고 세트가 있어서 아이가 이용 시간에 맞춰 고를 수 있고, 슬라임의 경우 완성품을 가져갈 수 있다. 하지만 공간이 넓지 않아서 아이들이 많은 주말 시간에는 블록 선택의 폭이 작다는 단점이 있다. 이용료는 시간당 21링깃이며, 슬라임을 선택할 경우 재료에 따라 10~20링깃 정도가 추가된다.

EP. 8 때로는 혼자 떠나온 여행자처럼

아이가 학원에 적응할수록 엄마의 일과가 바빠진다. 처음에는 혹시라도 아이에게 무슨 일이 생겨서 전화가 올까 봐 몽키아라 지역 내에서만 지내며 혼자만의 시간을 보냈다. 하지만 아이가 학원에 안정적으로 적응하고 혹시라도 내가 늦었을 때 아이 하원을 부탁할 만한 이웃들이 생기고 나니 생활에 여유가 생기기 시작했다. 그래서 혼자 쿠알라룸푸르에 놀러온 여행자처럼 나만의 소소한 탐방을 다니기 시작했다.

가장 먼저 방문한 곳은 '쿠알라룸푸르 국립 미술관(National Art Gallery)'이었다. 박물관의 경우 아이와 꼭 함께 가기 때문에 사전에 관련 자료도 같이 찾아보고 현장에서 오디오 가이드도 들으면서 함께 즐기는 편이지만, 미술관만큼은 나 혼자 고요하게 즐기고 싶은 마음이었다. 아이의 끊임없는 질문과 요구에 정신이 흘려서 정작 나는 그 작품을 제대로 들여다 볼 여유가 없었기 때문이다. 하지만 아이에게도 미술 작품을 보여주고 싶은 욕심이 들어 결국 아이와 함께 방문하기 일쑤였고, 그럴 때마다 혼자서 꼭 다시 오리라는 다짐을 해왔었다. 그렇지만 볼 것도, 즐길 것도 많은 해외 여행에서 이미 방문한 곳을 다시 가는 것은 어지간한 의지 없이는 불가능하다. 그래서 다음을 기약한 채 다시 가지 못한 미술관이 수두룩했기 때문에, 이번에는 아이에게 보여준다는 욕심을 버리고 혼자 떠나온 여행자처럼 내 마음의 양식을 든든하게 채워보자고 마음먹었다.

쿠알라룸푸르에 한 달 살기를 한 지 3주 차에, 나는 아이를 학원에 보내고 그랩 택시를 불러 국립 미술관에 갔다. 이날만큼은 진짜 아이 없이 혼자 다니는 여행자 컨셉으로, 엄마용 에코백 대신 예쁜 핸드백을 들었고 평소에 잘 하지 않는 화장도 정성껏 했다. 작은 의식이지만 뭔가 싱글 때로 돌아간 느낌이 들어서 살짝 설레었다. 남이 아니라 나를 위해 화장을 한 적이 정말 오랜만인 것 같았다. 이렇게 기분을 내니 뭔가 특별한 날이 된 기분이었다.

　그랩 택시는 약 20분 만에 국립 미술관에 도착했다. 국립 미술관은 KLCC의 북서쪽에 위치한 곳으로, 쿠알라룸푸르에서 북쪽 지역으로 이동할 때 꼭 지나가야 하는 도로변에 있어서 자주 봐왔던 곳이다. 바로 옆에는 쿠알라룸푸르의 예술의 전당인 '이스타나 부다야(Istana Budaya)' 공연장이 있어서 공연이 있는 날에 한 번에 방문해도 좋을 것 같았다.

　입장료는 무료라서 입구에서 코로나 위생 방침에 따른 신분 등록만 하고 내부로 들어갔는데, 미술관 내부 모습이 웅장하면서도 감각적이라서 작품에 대한 기대감마저 커졌다. 이곳은 우리나라의 과천 현대미술관처

럼 위층으로 올라가는 길이 계단 없는 나선형으로 이어져 있었는데, 이 자체가 하나의 거대한 예술품 같았다. 나는 1층부터 꼼꼼히 작품을 감상했는데, 특히 말레이시아의 다양한 민족의 모습과 오래된 건물들, 그리고 서민들의 고단한 생활을 담아낸 작품들이 많았다. 그들을 만나본 적이 없는데도 아주 오래전부터 알고 지냈던 느낌이 들었고, 그들의 생활을 경험해 본 적이 없는데도 담배를 물고 있는 지친 모습 하나에 그 고단함이 고스란히 느껴졌다. 예술의 힘이란 그런 것이다. 사실뿐만 아니라 감정까지도 전달할 수 있는 도구, 경험해 보지 못한 자에게 경험자의 감정을 고스란히 전이시킬 수 있는 유일한 도구가 바로 예술임이 틀림없다.

  나선형의 통로에는 마치 조금 전까지 런웨이를 누볐을 만한 드레스들이 전시되어 있었는데, 자세한 설명은 없었지만 전통 의상을 현대적으로 해석해서 제작한 드레스 같았다. 우리로 따지면 퓨전 한복 드레스 정도 되는 것 같았다. 다른 전시관에는 마젤란 탐험대의 통역으로 알려진 '엔리케(Enrique)'를 주제로 특별 전시가 열리고 있었다. 검색을 해보니 엔리

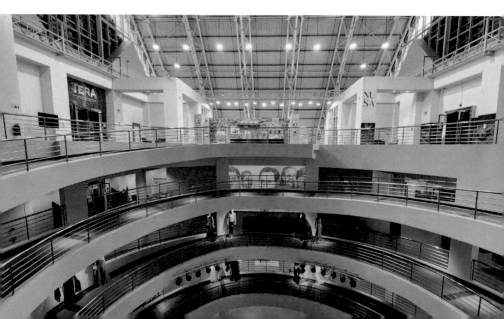

케는 마젤란 탐험대가 세계 일주를 마치기 전에 탐험대에서 이탈하여 고향으로 돌아왔다고 알려져 있는데, 만약 그가 무사히 고향으로 돌아갔다면 세계 최초로 세계 일주에 성공한 사람이 된다고 한다. 하지만 귀향에 성공했는지 여부와 그의 행방이 기록되지 않아 아직도 여전히 풀리지 않는 미스터리로 남았다고 하니 여러 작품에 영감을 줄 만큼 신비로운 스토리인 것만은 확실했다.

저층에는 민족이나 문화, 역사와 관련된 작품이 많은 편이었는데, 다양한 민족이 공존하는 나라의 '국립' 미술관이니만큼 예술이라는 도구를 통해 민족의 통합을 꾀하려는 의도가 보이는 전시가 많았다. 그리고 고층으로 올라가자 좀 더 역동적이고 화려한 현대 작가들의 작품들이 많았는데 마치 작가가 눈앞에서 설명해 주는 것처럼 그 속에 담긴 감정들이 생생하게 느껴져서 한참 동안 자리를 뜨지 못하고 머물게 된 작품이 많았다.

약 두 시간 정도 미술관을 관람하고 나와 근처를 검색해 보니 크고 잘 정비된 '티티왕사 호수 공원(Titiwangsa Lake Gardens)'이 있었다. 공원

내에 아름다운 호수와 시티뷰를 감상하며 브런치를 먹을 수 있는 레스토랑이 있다길래 이곳에 가서 우아한 점심을 먹고 혼자만의 시간을 마무리하려고 했다. 국립 미술관에서 도보로 20분 정도 걸어 호수 공원에 도착했는데 하필 월요일이라서 찜해 놓은 레스토랑이 휴무이다. 게다가 산책하기엔 너무 더운 시간대라서 땀이 등에서 줄줄 흘렀다. 결국 호수의 평화로운 모습만 마음에 담고 밖으로 나와 끼니를 해결할 만한 식당을 찾아보기 시작했다. 이런 날씨에 에어컨이 없는 식당에서 밥을 먹다가 더위를 먹을 것 같았지만 길가에 연 식당이라곤 노상에서 국수를 파는 가게 딱 하나였다. 아침부터 분주하게 움직였던 터라 배가 아프다 못해 속이 쓰렸고, 시내로 나가서 밥을 먹기에는 아이 하원까지 한 시간 남짓의 시간밖에 남지 않았다. 결국 별다른 선택이 없어서 길에서 국수를 시켜 먹었다.

예전에는 길거리 음식을 참 좋아했었다. 중국에 가면 길에서 탕후루나 양꼬치를 먹곤 했고, 인도네시아에서는 마르타박이나 바나나튀김을 즐겨 먹었다. 하지만 아이와 여행을 다니고 나서부턴 먹거리의 위생에 더욱 신경을 쓰게 되었다. 아이가 배탈이 날까봐 걱정이 되었고, 내가 배탈이 나도 아이를 제대로 돌볼 수 없기 때문에 최대한 위생적인 음식만 먹게 된 것이다. 그렇다 보니 여행에서 길거리 음식에 대한 로망이 사라진 지 오래였는데, 자의반 타의반으로 오랜만에 노상 음식점의 식탁에 앉아 닭국수 한 그릇을 말아먹게 된 것이다. 처음에는 너무 덥고 매연도 심해서 점심을 먹고 체할까봐 걱정이 되었는데, 이 더운 날씨에 뜨끈한 닭국수, 그리고 망고 주스 한 잔을 허겁지겁 먹다 보니 옛 추억이 많이 떠올랐다.

중국에서 일하게 되었을 때 남들처럼 평범하게 한인 타운에 살기 싫다고 시내 중심가에 집을 구하러 나간 적이 있다. 다짜고짜 부동산에 찾아가 근처 아파트 좀 보여달라고 며칠째 떼를 쓰고 있었는데, 한국인이 거주하지 않는 지역이다 보니 바닥이나 난방 등의 시설이 다소 불편한 곳이 많았고, 그나마 마음에 드는 집은 집주인이 국적을 묻고서는 다소 난감한 표정으로 계약을 거부했다. 그때 심난한 마음에 근처 노상 음식점에 가서 국수를 먹고 있었는데 가게 주인이 나에게 '북한 사람이야?'라고 물어봤다. 중국에는 북한 사람도 많이 있기 때문에 대수롭지 않게 '왜 그렇게 생각해?'라고 물었는데, 가게 주인이 바로 맞은 편에 있는 건물을 손가락으로 가리켰다. '북한 대사관'

그렇다. 나는 북한 대사관 주변의 북한 공무원들이 사는 동네에서 집을 구하고 있는 유일한 '남한 사람'이었던 것이다. 그때 얼마나 당황스러웠는지, 국수를 먹다 말고 서둘러 그 지역을 벗어났던 기억이 난다.

여행자들의 성지라고 불리는 방콕의 카오산 거리에서는 대학생 때부터 즐겨 찾던 길거리 음식점이 많았는데, 출장이나 경유로 잠시 방콕에 갈 때마다 공항에서 캐리어를 들고 찾아가 '갈비 국수'를 먹었다. 그리고 터키 여행에서 자주 먹었던 '고등어 케밥'이 그리워서, 상사들을 모시고 간 터키 출장 중에 다 같이 길거리에 서서 케밥을 먹은 적도 있었다.

나에게 길거리 음식이란 여행의 추억이었고 즐거움이었다. 오랫동안 잊고 지냈던 추억들이 떠오르며 마치 혼자서 실컷 여행 다니던 때로 돌아간 것 같았다. 그렇게 추억 놀이에 빠져 있을 때 미리 맞춰 놓은 알람이 울렸다. 그러자 마치 파티에 간 신데렐라가 재투성이 모습으로 돌아가는 것처럼 모든 것이 원래 자리로 돌아왔고, 서둘러 택시를 잡아타고 아이를 데리러 갔다. 혼자만의 시간을 잘 보내고 나니 내 아이와의 시간이 더 귀하게 느껴졌다.

엄마를 기다리던 아이가 해맑게 웃으며 나에게 뛰어온다.
재투성이 신데렐라면 어때, 길거리 음식 좀 못 먹으면 어때.
나에게는 이렇게 귀하고 사랑스러운 아이가 있는데. 🖋

TIP!

쿠알라룽푸르에서 승차 공유 서비스 '그랩(GRAB)' 이용하기

우리나라처럼 이제 쿠알라룸푸르에도 길에서 택시를 잡는 문화가 사라지고 있다. 모두 앱을 통해 승차 공유 서비스에 등록된 택시를 부르는 구조로 바뀌었기 때문에, 말레이시아에 방문하는 여행자들은 꼭 '그랩(Grab)'이나 '에어아시아 라이드(Airasia Ride)' 앱을 미리 설치해야 한다. 그랩 앱을 설치하고 신용카드를 등록해 놓으면 택시뿐만 아니라 음식 배달, 장보기 등 다양한 서비스를 이용할 수 있으니 말레이시아에 머물 여행자들에게는 가장 필수적인 앱 중 하나이다.

쿠알라룸푸르 주요 지역에서는 앱을 통해서 승차 공유 서비스를 쉽게 이용할 수 있는데 도시 외곽 지역은 잘 안 잡히는 경우도 많다. 예를 들어서 쿠알라룸푸르의 외곽 도시 쿠알라 셀랑고르에 갔을 때는 오후 4시까지 그랩 택시를 잡을 수 있었지만 6시가 넘자 한 대도 잡히지 않아 현지인에게 부탁해서 개인 차량으로 이동해야 했다. 그리고 KLCC에서 퇴근 시간이나 분수 쇼가 끝난 시간에도 택시를 부를 수 없어 오랫동안 기다려야 하는 경우가 많다. 이럴 때 이용할 수 있는 것이 바로 '에어아시아 라이드'이다. 이 서비스는 에어아시아 통합 앱에서 Ride를 선택해서 사용할 수 있는데, 최근에 에어아시아 항공사에서 사업을 확장하면서 만든 승차 공유 서비스이다. 그랩보다 가격이 다소 저렴하나 택시 수가 적은 단점이 있다. 하지만 택시가 잘 안 잡히는 상황에서는 그랩만 사용하기보다 에어아시아 라이드도 함께 사용해 보는 것이 더 효율적이다.

EP. 9 말레이시아에서 설 명절 보내기

드디어 올 것이 왔다. 우리의 명절 설날에 해당하는 4일간의 연휴 기간이다. 한국에서라면 시댁, 친정을 오가면서 가족들을 만나고, 마지막 날에는 세 식구 단란하게 쉬면서 마무리하면 되는 즐거운 연휴였다. 때로는 양가 부모님들을 모시고 산 좋고 물 좋은 곳으로 여행을 가기도 했다. 어떻게 해도 연휴는 즐거운 날이었다.

그런데 이곳에서의 연휴는 의미가 달랐다. 아빠가 없는 독박 육아에, 고향에 돌아가는 현지인들과 연휴를 즐기려는 중국인들로 도시 밖의 교통이 마비되고 도시 안은 오히려 한가해지는 날이었다. 원래는 연휴에 근교에 있는 '겐팅 하이랜드'에 놀러 갈 계획을 세웠는데, 그곳은 중국인을 타겟으로 만든 카지노, 놀이공원 등의 레저 시설이어서 설 명절에 방문하면 사람 구경만 하고 차에서 시간만 보내게 될 거라는 현지인의 만류에 마음을 접었다. 심지어 설 연휴 전주에는 중국인들이 서로 선물을 보내는 차량 때문에 극심한 교통 체증이 있다고 시내 이동조차 하지 말라고 조언하는 사람도 있었다.

드디어 긴 설날 연휴가 시작되었다. 이곳에서 부르는 설날의 공식적인 이름은 'Chinese New Year'인데, 일부 국제학교에서는 학부모들이 'Lunar New Year'로 명칭을 바꾸기를 요청하는 일도 있었다. 설 명절은 한국을 포함한 동양의 다수 국가들의 명절이기 때문에 단지 중국의 명절로만 여겨지는 것이 나 역시도 조금 불편한 부분이었다.

 우진이가 다니는 학원에서도 설 명절을 맞아 여러 가지 이벤트도 진행
하고 설날에 먹는 음식과 인사말, 놀이 등을 소개하는 시간을 가졌다. 하
지만 모든 행사가 중국의 설 문화에 초점이 맞춰져 있어 우리가 알고 있
는 '설날'과는 많이 달랐다. 처음에는 이런 점이 조금 아쉬웠지만, 말레
이시아에서 중국인은 인구 전체의 20% 이상을 차지하는 민족이고 이곳
의 설날 문화가 이들 중국 화교에게서 유래되었음은 틀림없는 사실이었
다. 이러한 관점에서 생각해 보면 말레이시아에 자리 잡은 중국인들이
이곳에서 그들의 문화를 이어가는 모습을 경험해 보는 거라고 이해할 수
있었다.

 사실 1월 초부터 말레이시아 전체가 온통 빨간색으로 물든다. 매년 1월
이 되면 중국인 소비자들의 지갑이 열리기 때문에 쇼핑몰이든 놀이 시설
이든 어디든지 빨간색이다. 길거리에는 어딜 가든 전통 공연, 사자춤 공
연 등이 넘쳐났다. 심지어 몽키아라의 고급 아파트 단지와 주요 쇼핑몰
에서 저마다 사자춤 공연을 초청하는 바람에, 나는 중국에 살면서도 쉽게
보지 못했던 사자춤 공연을 이곳에서 세 번이나 보게 되었다.

긴 연휴 기간을 아이와 어떻게 보낼지 고민이 많았는데, 고맙게도 몽키아라에 사는 친구가 연휴를 함께 보내자며 우리를 초대했다. 그래서 긴 연휴동안 친구 집에 머물면서 낮에는 아이들이 즐거워할 만한 곳에 방문하고 저녁에는 늘 바빠서 얘기 나눌 틈도 없었던 친구와 단란하게 술 한잔하려는 계획을 세웠다.

친구네 집에 가니, 친구가 설날을 맞아 여러 가지 명절 음식들을 준비해놓았다. 일하느라 시간도 없었을 텐데 언제 이렇게 준비했나 싶었는데 모두 한국 마트에서 주문했다고 한다. 주변에 한국 마트와 음식점이 많으니 이곳에서도 떡국, 전, 잡채, 갈비찜에 식혜까지 한 상 가득 차려놓고 명절다운 식사를 할 수 있었다. 그리고 늘 외로워하던 우진이가 친구 아이들과 한데 어울려 찐 남매처럼 놀고 있는 걸 보니 마음마저 배불렀다. 몸과 마음

이 모두 배부르니 진정한 명절을 보내는 기분이었다.

 친구 가족과 함께 있으니 그 긴 연휴도 짧게 느껴졌다. 아이들은 낮에는 시내 곳곳의 관광지와 놀이 시설에서 신나게 놀고, 밤에는 맛있고 건강한 음식을 먹으며 많은 추억을 만들었다. 그리고 아이들 재우고 술 한잔하자는 우리의 야심 찬 계획은 아이들보다 먼저 잠들어 버리는 저질 체력으로 인해 한 번밖에 성사되지 못했다. 하지만 아이들을 재우고 고요한 밤에 베란다에 나와 친구와 술 한잔 기울였던 밤을 잊지 못할 것이다.

 우리는 일하고 육아하느라 고단했고 빨리 아이들이 자라주길 기다렸지만, 이 고단함 속에서도 어쩌면 지금이 우리 인생에서 가장 행복하고 가득 찬 순간이라는 것을 알고 있었다. 밖에서는 중국인들이 터뜨리는 폭죽 소리가 밤늦도록 이어졌고, 우리는 늦은 밤까지 집에 있는 술을 모조리 마시고서야 잠자리에 들었다. 이제 설 명절이 되면 친구와 보낸 베란다에서의 추억이 계속 떠오를 것 같다.

TIP!

몽키아라 지역의 한국인 마트 소개

말레이시아에서 가장 큰 한인 타운답게 몽키아라 지역에는 쇼핑몰마다 한국인 마트가 자리하고 있다. 그중에서 가장 즐겨 찾았던 곳은 163 리테일 파크에 위치한 '프레시한(Freshan)'이었는데 신선 식품은 물론 김밥이나 떡 같은 간식거리도 팔고 있어서 자주 방문하게 되었다. 이보다 더 다양한 상품을 구매하고 싶을 때는 원몽키아라 건물에 위치한 '코마트(Komart)'를 찾았는데 이곳은 정육 코너가 잘 구성되어 있어서 이슬람 국가에서 구매하기 힘든 돼지고기도 살 수 있었다. 몽키아라 지역에서 가장 물건이 많은 마트는 플라자 몽키아라 건물 지하에 위치한 'NH Pasarnita Mart'인데 교민들이 '농협 마트'라고 부르는 곳이었다. 나는 현지인 친구에게 한국 상품을 선물하고 싶어서 농협 마트에 간 적이 있는데 해외에서는 보기 힘든 다양한 국내 상품들과 홍삼, 배즙 등의 건강식품, 전통주까지 다양하게 판매하고 있어서 선택이 어려울 정도였다.

한인 마트의 상품은 대부분 항공으로 공수했기 때문에 가격이 국내의 1.5배 정도이다. 하지만 현지에서도 쉽게 구할 수 있는 야채나 과일까지도 비싸게 팔고 있기 때문에 농산물은 현지 마트를 이용하는 것이 좋다.

또한 각 마트에서는 유통기한이 임박한 상품들을 30~40%로 할인해서 판매하고 있다. 바로 사용할 재료를 원한다면 할인 제품을 잘 활용해 보는 것도 좋은 방법이다.

EP. 10 다래끼와의 전쟁, 현지 병원 방문기

우진이가 처음 다래끼가 난 것은 말레이시아에 오기 두 달 전이었다. 그 때까지만 해도 심각한 편이 아니어서 동네 안과에 가서 항생제와 소염 제를 처방받아 복용했고, 하루에 몇 번씩 안약도 넣어주니 금세 가라앉 았다. 하지만 다래끼 염증이 가라앉은 후에도 그 자리에 붉은 자국이 남 아 있어 다시 병원을 찾았더니 이미 염증은 없고 그 자리에 빈 주머니가 남아 있는 상태라면서 시간이 지나면 나아질 것이라고 했다. 혹시 몰라 상비약으로 쓸 다래끼 약들을 처방받아 말레이시아 한 달 살기 길에 올 랐다.

말레이시아에 온 지 일주일 정도 지났을 때, 여전히 붉게 남아 있던 눈 꺼풀 자리에 다시 노란 염증이 차기 시작했다. 이번에는 초기에 빨리 없 애려고 처방받아 온 약을 일주일 동안 먹었지만 다래끼가 다 낫지 않은 상태에서 약이 떨어졌다. 그래서 어쩔 수 없이 현지에 있는 병원에 방문 했다. 처음으로 간 곳은 일본인이 운영하는 1차 병원(클리닉)이었는데, 작 년에 잠시 말레이시아에 방문했을 때 우진이가 키즈 카페에서 넘어져 쌍 코피가 나서 달려갔던 병원이었다. 두 번째 방문이라 접수하고 진료받고 보험 청구를 위한 서류를 받는 작업까지 순조롭게 이루어졌다. 의사 선생 님은 노련한 몸짓으로 환부를 들여다보더니 심각하지 않다며 한국과 비 슷하게 항생제와 소염제, 넣는 안약과 바르는 안약을 처방해 주셨다.

그렇게 현지 병원에서 받은 약을 다시 일주일 동안 복용했지만 이번에는 약이 아예 듣지 않았다. 다래끼 속의 노란 고름은 하루가 다르게 커졌고 금방이라도 건들면 뻥 터질 것처럼 부풀어 올랐다. 인터넷을 찾아보니 블루베리를 많이 먹고 온찜질을 해주면 좋다고 하는데, 반대로 염증이 더 퍼질 수 있다며 온찜질을 권하지 않는 의사도 있어 계속 약만 먹으며 기다리는 수밖에 없었다. 고맙게도 몽키아라에 사는 친구가 우진이를 위해 날마다 블루베리를 사 왔다. 그럼에도 불구하고 호전이 되지 않자, 나는 다른 병원을 알아보기 시작했다. 마음 같아서는 대형 병원으로 가고 싶었지만 말레이시아에서는 1차 병원의 소견서 없이 대형 병원을 예약할 수 없기 때문에 우선 다른 1차 병원을 방문해야 했다.

 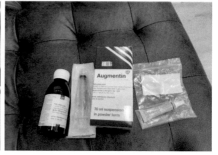

이번에 방문한 병원은 우진이가 다니는 어학원 옆에 있는 곳이었는데, 학원 원장 선생님의 소개로 방문하게 되었다. 처음에 병원에 들어섰을 때 간판에 '성인 전문 클리닉'이라고 쓰여 있고 병원 내부에도 성인들을 위한 시술만 홍보하고 있어서 뭔가 잘못 찾아온 느낌이었는데, 말끔하고 세련된 현지인 선생님이 친절하게 잘 진료해 주셔서 마음이 놓였다. 그 의사 선생님은 다래끼가 사실 피부밑에 염증이 생긴 여드름 같은 거라서 눈이 아프지만 않다면 건강에 지장이 없으니 너무 조바심 내지 말고 기다려 보라고 나를 안심시켰다. 사실 우진이는 본인의 외모에 별로 관심이 없는 남자애라서 신경을 쓰지 않고 있었지만, 우리 아이의 반짝이는 눈을 가려버린 다래끼를 볼 때마다 나는 스트레스가 이만저만이 아니었다. 게다가 한국에 돌아가자마자 초등학교에 입학해야 하는데 친구들에게 '다래끼 난 애'로 이미지가 굳어질까 봐 그것도 걱정이었다. 그래서 다래끼 난 부위를 살짝 절개해서 짜내는 시술까지 고려하고 있었는데, 의사 선생님께 말씀드리자 이 정도 다래끼로 수술할 필요는 없다면서 약으로 쉽게 치료할 수 있으니 걱정말라며 우리를 안심시켰다.

그 의사 말대로 되었다면 좋았겠다만, 불행하게도 다래끼는 항생제를 이겨내고 더 무럭무럭 자라났다. 며칠이 지나자 거대해진 다래끼가 제 무게에 못 이겨 밑으로 쳐졌고 우진이 눈의 1/3이 다래끼에 가려지게 되었다. 이런 모습으로 양가와 남편에게 영상 통화를 하기도 민망했다. 왠지 내가 아이를 잘 케어하지 못하고 있다는 기분마저 들었다. 스스로 '눈에 난 여드름, 별거 아니다....'를 되뇌었지만 아이 눈을 볼 때마다 죄책감마저 들었다. 남편은 영상 통화를 할 때마다 속상해하며 그냥 한국으로 돌아와서 절개 수술을 하자며 빠른 귀국을 재촉했다. 눈에 난 여드름이 뭐라고 일정을 포기하고 조기 귀국해야 하나 싶었지만, 아이 눈을 보며 얼마나 속상했을지 남편 마음도 이해가 갔다. 이곳 병원에서 절개 수술을 할 수도 있었지만 아이의 경우 눈 부위를 절개하는 게 트라우마가 생길 수 있어 수면 마취를 권장하고 있었다. 그래서 이왕 수면 마취를 해야 한다면 안전하게 내 나라에서 수술을 받고 싶은 마음이었다.

다래끼가 점점 커지고, 남편의 귀국 권유가 명령으로 바뀌고 있던 어느 날, 놀이터에서 어떤 여자애가 우진이를 보고 도망가는 모습을 목격했다. 그 여자애는 자기 엄마에게 달려가 '쟤 눈이 몬스터야!'라고 말했다. 다행히 우진이는 그 말을 못 듣고 신나게 놀고 있었지만 그 말을 들은 나는 억장이 무너지는 기분이었다. 고작 다래끼로 놀림당해도 이렇게 속상한데, 몸이 불편한 아이의 엄마는 얼마나 마음이 아플지 짐작조차 하기 힘들었다. 그날 밤 지푸라기라도 잡는 심정으로 아이 속눈썹을 하나 뽑았다. 사실 민간요법으로 많이 쓰는 방법이지만 병원에서는 감염 우려가 있어 권장하지 않고 있었다. 그다음 날은 소독한 유리병에 따뜻한 물을 넣어 다래끼 부위에 올려놓고 살살 굴렸다. 갑자기 유리병 사이로 우진이 눈에서 노란 눈물이 흐르고 있는 게 보였다. 따뜻한 찜질과 유리병의 적당한 압력으로 다래끼가 터져 고름이 나온 것이다. 올레!!! 정말 기쁨의 환호가 터져 나왔다. 얼마나 속이 후련한지, 며칠 동안 고구마만 먹다가 처음으로 사이다를 원샷한 기분이었다.

고름이 터진 후 다래끼는 급속도로 작아졌고 말레이시아에 처음 왔을 때처럼 붉은 자국만 남고 가라앉았다. 사실 그 이후에도 다시 고름이 차올랐고, 항생제를 먹고 다시 작아졌다가, 약을 끊자 다시 고름이 차고, 나중에는 약이 듣지 않아서 고생하다가 온찜질로 고름을 빼내는 것을 몇 차례 반복했다. 말레이시아 여행을 전후로 총 7개월간 따라다닌 지긋지긋한 다래끼였다. 지금도 생각만 하면 속상하고 지겨운 다래끼 사건이었지만 덕분에 해외에서 병원 가는 법도 배우고 민간요법도 존중하게 된 귀한 경험이었다.

말레이시아뿐만 아니라 동남아를 여행하는 가족 중에 눈병이나 다래끼 때문에 고생한 케이스를 꽤 많이 목격했다. 날씨가 덥고 습한 데다가 열대 지역의 특성상 수영장에서 보내는 시간이 많다 보니 자연스럽게 눈병이나 다래끼가 많이 생기는 것이다. 이럴 때를 대비해서 안과에서 처방받은 안연고와 복용 약을 꼭 상비약으로 준비하도록 하자. ✒

TIP!

몽키아라 지역의 병원 소개

몽키아라에는 한국인뿐 아니라 일본인, 중국인 등 다양한 국적의 외국인들이 거주하는 지역이기 때문에 클리닉(1차 병원)과 종합 병원에서 모두 영어를 사용할 수 있다. 게다가 보험 청구에 필요한 서류를 잘 준비해 줘서 병원 이용이 편리한 편이다. 가벼운 질병이 생긴다면 일단 가까운 클리닉을 방문하도록 하고 질병이나 상해가 심각할 경우 클리닉의 소견서를 받아 종합 병원에 갈 수도 있다.

만약 클리닉이 문을 닫은 일요일에 갑작스럽게 아프다면 종합 병원의 응급실로 바로 갈 수도 있는데, 국내와 마찬가지로 종합 병원에서는 기본 검진만으로도 긴 시간과 비용이 소요되기 때문에 심각하지 않은 상황이라면 클리닉을 먼저 방문하는 것을 추천한다. 그리고 만일의 상황에 대비하여 출국 전에 '해외여행자 보험'에 가입하는 것을 추천한다. 나 역시 아이 다래끼로 인해 약 10만 원 정도의 병원비가 발생했는데 미리 가입해 둔 보험에서 전액 보상을 받았다.

병원에 갈 때는 반드시 여권을 지참해야 하며 여행자 보험에 가입했다면 접수 시에 청구를 위한 서류를 요청해 놓도록 하자. 말레이시아 병원은 진료 후에 병원에서 약을 조제해 주기 때문에 약국에 따로 갈 필요가 없어 매우 편리하다.

여기에서는 몽키아라 지역에서 편리하게 이용할 수 있는 병원을 소개하고자 한다.

히바리 클리닉 (Hibari Clinic Mont Kiara)

일본인과 현지인 의사가 있는 병원으로 원몽키아라 빌딩 2층에 위치하고 있다. 내부가 깨끗하고 의사와 직원들 모두 친절해서 한국인들이 자주 방문하는 곳이기도 하다. 예전에는 한국인 직원이 상주했다고 하는데 내가 방문했던 2023년에는 두 번 모두 일본인, 현지인 직원만 있었다. 하지만 의사가 진료실에서 컴퓨터를 사용하여 질병에 대한 용어를 번역해 주고 참고 사진도 많이 보여줘서 의사소통에 큰 문제가 없었고, 약 복용 지침서에도 간단한 한글이 쓰여 있어 불편함이 없었다. 또한 평일에는 저녁 10시까지, 주말에는 오후 6시까지 주 7일 운영되고 있어서 언제든지 편리하게 이용할 수 있다.

스리 하타마스 클리닉 (Sri Hartamas Clinic)

몽키아라 신도시가 형성되기 전에 작은 한인 타운이었던 스리 하타마스에는 한국인들에게 유명한 클리닉이 있다. 이곳은 몽키아라에서 택시로 10분 정도 소요되는 거리라 쉽게 이용할 수 있고 전문 통역 직원이 있어 진료 시에 편리하게 의사소통을 할 수 있다. 일반적으로 감기나 다래끼 등 비교적 작은 질병으로 클리닉에 방문할 경우 병원비로 100~150링깃 정도를 지불해야 하니 참고하도록 하자.

글로벌 닥터스 병원 (Global Doctors Hospital)

몽키아라 내에도 상급 병원이 있어서 전문의의 진료가 필요한 질병이나 갑작스러운 상해가 발생할 경우 신속하게 방문할 수 있다. 글로벌 닥터스 병원은 몽키아라의 명문 국제학교인 가든 스쿨(Garden International School) 바로 옆에 위치하고 있으며, 일반적으로 1차 병원인 클리닉의 소견서를 받아야 예약을 할 수 있으나 급한 경우 응급실로 바로 방문할 수도 있다.

파크시티 메디컬 센터 (Parkcity Medical Centre)

몽키아라에서 약 15분 거리의 데사파크 시티에 위치한 상급 병원으로 입원과 수술이 가능한 큰 규모의 종합 병원이다. 이곳에서도 한국어 전문 통역 서비스를 제공하고 있어 급한 상황에서 모국어로 정확하게 진료와 처치를 받을 수 있다는 장점이 있다. 하지만 상급 병원에 방문하면 클리닉에 비해 7~8배의 병원비가 발생하고 대기도 매우 길어서 작은 질병이라면 클리닉에 먼저 방문하는 것이 좋다.

#3 구알라룽푸르
구석구석 여행기

Ep. 11 아이들의 천국,
'선웨이 피라미드 & 선웨이 라군'

비가 추적추적 내리는 주말 오전, 기다리던 수영 수업도 비 소식에 취소되고 심심해서 방바닥을 긁고 있던 날이었다. 마침 몽키아라에 사는 친구 가족도 주말 일정이 취소되어 함께 아이들을 데리고 '선웨이 피라미드'를 방문하게 되었다. '선웨이(Sunway) 그룹'은 교육, 의료, 부동산, 레저, 무역 등 다양한 사업을 운영하는 말레이시아의 국민 기업으로, 선웨이 피라미드가 위치한 '페탈링 자야(Petaling Jaya)'에는 선웨이 국제학교와 대학교, 레지던스, 대형 몰과 호텔, 놀이공원이 모여 있었다. 마치 롯데 그룹이 잠실에 롯데몰, 롯데월드와 롯데 호텔을 함께 운영하는 것과 비슷한 형태라고 보면 된다. 작년에 말레이시아에 왔을 때 선웨이 국제학교가 확장 이전했다는 소식을 듣고 학교 투어를 신청한 적이 있었는데, 학교 규모가 크고 시설이 쾌적해서 나중에 말레이시아 일 년 살기에 도전한다면 아이를 보내고 싶은 학교 중 하나로 리스트에 넣어 둔 적이 있다.

국내에서나 해외에서나 비 오는 날에는 실내 쇼핑몰이 진리임은 틀림없다. 비가 계속 오면 실내 아이스링크나 영화관에서 놀다가 쇼핑하고 맛있는 음식도 먹고, 그러다가 운 좋게 비가 멈추면 실외에 나가 놀이기구를 타거나 워터파크를 즐길 수도 있다. 몽키아라에 사는 친구네 가족은 '선웨이 라군(놀이기구과 워터파크, 동물원이 모여 있는 종합 레저 시설)'의 연간 회원권을 가지고 있었는데, 1회 이용권을 구매한 후 현장에서 178링깃만 추가하면 연간 회원권으로 업그레이드가 가능해서 2회 이상 이용하려는 사람들은 모두 연간 회원권을 구매하고 있었다. 언젠가 이곳에서 일 년 살기를 한다면 꼭 연간 회원권을 구매해서 신나게 놀아보고 싶었다. 우리도 우진이가 5살 때 에버랜드 연간 회원권을 구매해서 일년 내내 잘 이용했었는데, 나중에 계산해 보니 방문했을 때마다 쓴 돈이 연간권 가격과 비슷했다. 이렇게 비합리적인 소비를 끌어내려고 연간 회원권을 이렇게 저렴하게 판매하는 게 아닐까 하는 생각이 들었다.

　선웨이 피라미드 몰에 도착하자마자 아이들은 아이스링크 옆에 있는 오락실에 매료되었다. 겨우 끌고 나와서 밥을 먹으려고 하니 아이마다 먹고 싶은 것이 제각각이다. 이런 경우에는 굳이 두 가족이 다 모여서 의견 일치를 볼 필요는 없다. 세상에 의견 일치를 봐야 하는 일이 얼마나 많은데, 오늘 점심 하나도 다수결에 밀려 내가 먹고 싶은 것을 고르지 못한다는 건 조금 잔인한 일이다. 이런 면에서 매우 쿨한 친구와 나는 각자 아이들과 먹고 싶은 걸 먹고 다시 만나기로 약속하고 헤어졌다.

　우리는 우진이가 고른 패스트푸드점 'A&W'에서 햄버거를 먹기로 했다. 이곳은 '루트비어(Root Beer)'로 유명한 미국 브랜드인데, 나는 루트비어를 처음으로 먹어보고 콜라에 물파스를 넣은 맛이라고 혹평한 적이 있어 다시 도전하지 않았다. 그래도 햄버거는 전형적인 미국 맛이라 아들과 맛있게 나눠 먹고 친구 가족과 다시 만났다. 우리는 커피숍에 가서 게임 도 하고 수다도 떨며 긴 시간을 보냈는데도 밖은 여전히 지긋지긋한 비가 내리고 있었다. 어쩔 수 없이 선웨이 라군을 포기하고 쇼핑몰 내부에 있 는 영화관 TGV에 가서 아이들과 함께 볼 수 있는 영화를 보기로 했다.

 TGV는 GSC와 함께 말레이시아를 대표하는 영화관 체인인데, 어느 정 도 규모가 있는 쇼핑몰에 가면 TGV나 GSC 중 하나가 입점해 있다. 마 치 우리나라의 대형 쇼핑몰에서 CGV와 메가박스 둘 중 하나는 볼 수 있 는 것처럼 말이다. 이들 영화관에서도 아이맥스, 침대 석, 더블 석, 식사 가 포함된 패키지 등 다양한 형태를 선택할 수 있었는데, 특이한 점은 어 린이 전용 극장이 있다는 점이었다. 몇몇 대형 극장에서 운영하는 어린 이 전용 극장은 스크린과 좌석 사이에 넓직한 매트와 슬라이드, 빈백 등 이 설치되어 있어 어린아이들을 동반한 가족들이 자유롭게 관람할 수 있 는 곳이었다. 물론 모든 지점에서 어린이 전용관을 운영하진 않지만 아이 가 어려서 함께 영화를 관람하기 힘들다면 이런 곳을 찾아 예매하는 것 도 좋은 방법일 것 같다.

또 한 가지 놀랐던 점은 영화 관람 가격이 매우 저렴하다는 것이었다. 홈페이지에서 영화 관람료를 살펴보니 장소와 요일, 시간, 관람관 형태, 나이에 따라 차등이 있지만 일반적으로 성인 가격이 15~20링깃으로 국내 가격의 반절, 혹은 1/3 정도의 가격이었다. 그래서 친구와 나, 아이들 세 명에 팝콘까지 포함한 가격이 100링깃도 채 되지 않았다.

다민족 국가인 말레이시아에서는 일반적으로 말레이시아어, 영어, 중국어 자막이 동시에 제공된다고 들었는데, 우리가 선택한 애니메이션의 경우 아무런 자막도 없어서 처음에는 당황스러웠다. 늘 자막이 있는 영화를 봐왔기 때문에 자막 없이 영어를 다 이해할 수 있을지 의문스러웠지만 의외로 쉽고 재미있는 스토리에 이끌려 아이들도 어른들도 즐겁게 관람할 수 있었다.

영화를 보고 나오니 해가 뉘엿뉘엿 지고 있었고 마침 길고 지루했던 비가 멈췄다. 집에서부터 옷 속에 수영복을 입고 왔던 아이들은 신이 나서 선웨이 라군 쪽으로 달려갔다. 하지만 비가 내린 후여서 수영을 하기에는 다소 추웠고, 이미 오후 6시가 다 된 시간이라 놀이기구만 타고 나와야 하는 상황이었다. 비싼 선웨이 라군 티켓을 구매해서 잠시 놀이기구만 타기에는 티켓값이 아까웠고, 그렇다고 말레이시아 최대 놀이공원에 와서 문 앞에서만 서성이다 가기에는 아쉬웠다.

그렇게 고민을 하며 티켓 오피스 앞을 서성거리고 있을 때 마침 우리에게 딱 맞는 입장권이 눈 앞에 보였다. 바로 'Night Park'라는 티켓이었는데 이것을 구매하면 오후 6시부터 11시까지 워터파크나 동물원을 제외한 놀이기구 구역만 즐길 수 있었다. 이 시간에는 대기가 거의 없어 놀이기구를 마음껏 탈 수 있고 시간표를 보며 여기저기에서 펼쳐지는 공연과 퍼레이드를 즐길 수도 있어 우리에게 딱 알맞은 티켓이었다. 게다가 가격도 어른 60링깃, 어린이 55링깃으로 하루 종일 즐길 수 있는 티켓에 비해 1/3 정도로 저렴해서 망설임 없이 표를 구매하고 입장했다.

하루 종일 비가 내렸던 터라 날이 저물어 가는 놀이공원에는 예상대로 사람이 거의 없었다. 우리는 가끔 흩뿌리듯 내리는 보슬비를 맞으며 모든 종류의 놀이기구를 마음껏 즐겼다. 특히 에버랜드의 '아마존 익스프레스'와 비슷한 놀이기구인 'Grand Canyon River Rapids'는 아이들이 연이어서 여러 번 탈 정도로 좋아했다. 더 놀고 싶었지만 비가 내린 후라 선웨이 라군 내 식당들이 거의 문을 닫은 상태였고, 아이들도 하루 종일 뛰어노느라 지쳐 있었던 터라 저녁이라도 제대로 먹이려고 아이들을 끌고 나왔다. 마지막으로 대관람차를 타고 선웨이 라군 전체를 내려다보며 아쉬움을 달랬다.

사실 우진이와 함께 아이가 좋아할 만한 곳을 찾아다닐 때면 우진이보다 내가 더 즐거울 때가 많다. 봄에는 아이와 농장에서 딸기를 따고, 여름에는 계곡에서 물고기를 잡고, 가을에는 도토리와 밤을 주우러 산에 다니고, 겨울에는 눈사람을 만들고 트리를 꾸민다. 갯벌에 가면 조개를 캐보고, 제주도에 가면 조랑말을 타보고, 바다에 가면 낚시를 해본다. 놀이공원도 좋고 캠핑도 즐겁다. 나는 이렇게 아이를 핑계 삼아 밍밍했던 나의 유년 시절을 다시 채색하고 있었다.

지방의 중소 도시에서 태어나 딱히 자연을 느끼지도 못하면서 그렇다고 문명의 혜택도 받지도 못한 80년대생 여자아이는 다시 어린 시절로 돌아가 하고 싶은 것을 스스로 선택하며 온전히 즐기고 있었다. 어찌 보면 아이에게 주고 싶은 모든 경험은 사실 내가 해보고 싶었던 경험이었을 것이다. 그리고 이런 경험들이 아이와 나 모두의 인생을 알록달록하게, 풍성하게 만들어 줄 것이라고 믿는다.

TIP!

선웨이 라군 백배 즐기기

선웨이 라군은 하루 만에 즐기기 부족할 정도로 규모가 크고 즐길 거리가 풍부한 말레이시아 최대의 놀이공원이다. 그래서 선웨이 몰에서 연결된 '선웨이 피라미드 호텔'에서 1박을 하면서 주말 내내 이곳을 즐기는 여행자들도 있고, 선웨이 라군 내 캠핑 시설에서 숙박하며 밤낮으로 이곳을 즐기는 사람들도 있다.

이곳은 'Amusement Park(놀이기구)', 'Scream Park(공포 체험)', 'X Park(익스트림 놀이기구)', 'Water Park(워터파크)', 'Lost Lagoon(워터파크 놀이기구)', 'Wildlife Park(동물원)'로 나누어져 있으며, 밤 6시에 개장하는 'Night Park'는 'Amusement Park' 내의 놀이기구에 야간에만 개장하는 놀이기구가 추가되어 구성된다.

이렇게 넓고 즐길 거리가 많은 놀이공원이기 때문에 당일로 방문한다면 계획을 잘 짜서 돌아다녀야 충분히 즐길 수 있을 것이다. 우선 환복 시간을 줄이기 위해 수영복을 옷 속에 입고 오는 것을 추천한다. 그리고 오픈 시간인 오전 10시에 입장해서 'Wildlife Park(동물원)'을 먼저 즐긴 후에 취향에 따라 'Scream Park(공포 체험)'과 'X Park(익스트림 놀이기구, 추가 요금 있음)'을 즐기고, 선웨이 라군 내에서 점심을 간단히 먹은 후에 'Water Park'와 'Lost Lagoon(워터파크 놀이기구)'에서 오후 시간을 보내는 것이 가장 이상적이다. 이렇게 놀고 나서도 체력이 남는다면 늦은 시간까지 'Night Park'에서 놀이기구를 타고 공연도 보면서 꽉 찬 하루를 만들 수 있을 것이다.

하지만 동물원을 많이 봐서 굳이 'Wildlife Park(동물원)'를 가볼 필요가 없다면 워터파크에서 더 많은 시간을 보내도록 계획을 잡는 것도 좋다. 아이의 체력과 선호에 맞게 계획을 세우는 것이 중요할 것이다.

선웨이 라군 티켓은 현장에서 구매할 경우 어른 220링깃, 어린이 185링깃이지만 클룩(Klook)이나 라자다(Lazada) 사이트에서 구매할 경우 약 10~15% 정도 저렴해진다. 하지만 표를 미리 구매하면 비가 올 때 취소할 수가 없어 난감한 경우가 생긴다. 그래서 성수기가 아니라면 표는 당일 아침에 구매하는 것을 추천한다. 그리고 앞서 언급한 것처럼 현장에서 178링깃을 추가하면 연간 회원권으로 업그레이드를 할 수 있는데, 이 경우에는 반드시 현장에서 정가로 티켓을 구매해야 한다.

EP. 12 신기한 체험이 가득한
'반딧불이 투어'

쿠알라룸푸르 한 달 살기를 마음먹었을 때부터 가장 해보고 싶었던 일은 '반딧불이 투어'였다. 나와 우진이는 국내외의 다양한 동물 관찰 체험을 경험해 봐서 더 이상 '처음 보는' 것들이 없었는데, 반딧불이야말로 곤충 박물관에서 본 표본을 제외하고는 제대로 본 적이 없는 곤충이었다. 대학생 때 캄보디아 여행 중에 내가 탄 버스로 날아든 두세 마리의 반딧불을 본 적은 있었는데 야멸찬 기사 아저씨가 파리채로 잡아버려서 제대로 볼 기회가 없었다. 게다가 작년에는 반딧불이를 보고 싶어서 전라북도 무주의 '반디랜드'를 찾아갔는데 아쉽게도 살아 있는 반딧불이를 볼 수는 없었다.

그래서 쿠알라룸푸르 한 달 살기 계획을 짤 때 가장 우선순위로 계획한 것이 바로 '반딧불이 투어'였다. 우리나라에서도 무주, 통역, 제주 등 지역에서 반딧불이를 볼 수 있다고 하는데, 말레이시아가 반딧불이의 서식지가 더 넓고 개체수도 많아서 더 큰 규모의 반딧불이를 만나볼 수 있다고 한다. 우리는 우리보다 먼저 쿠알라룸푸르 한 달 살기를 시작한 태윤이네 삼남매 가족과 함께 반딧불이 투어를 가기로 약속했다. 태윤이네는 작년 발리 두 달 살기에서 만난 자카르타에 사는 가족이었는데 아이들도 서로 좋아하고 엄마들도 코드가 잘 맞아 계속 연락을 하며 인연을 이어오고 있었다. 그러다 이번에 쿠알라룸푸르에서 재회하게 되어 엄마들과 아이들 모두 얼마나 반가웠는지 모른다. 그런 태윤이네와 같이 반딧불이 투어를 간다면 정말 특별한 추억을 만들 수 있을 것 같았다.

반딧불이 투어를 예약하는 방법은 여러 가지가 있는데, 가장 일반적인 방법은 한인 여행사를 통해 픽업, 식사, 투어, 주변 관광까지 한 번에 즐길 수 있는 코스로 다녀오는 것이다. 하지만 우리는 평일밖에 시간을 맞출 수 없었기 때문에 늦은 오후에 출발해야 해서 여행사 투어 시간이 맞지 않았다. 그래서 클룩(Klook)에서 6시간 동안 승합차를 대절해서 아이들 하원 후에 곧바로 출발하는 일정으로 스케줄을 잡았다. 하지만 가기로 계획했던 날에 폭우가 쏟아지는 바람에 어렵게 잡은 스케줄을 포기하고 아쉬워하는 아이들을 데리고 근처 키즈 카페로 향해야 했다.

그 후에 몽키아라에 사는 친구 가족들과 함께 반딧불이 투어를 가려고 계획했다가 친구 아이들 컨디션이 좋지 않아 결국 우진이와 나 둘이 가게 되었다. 다른 가족들과 함께할 때는 더 기억에 남는 여행을 할 수 있는 장점이 있지만, 아이들의 컨디션이나 체력도 고려해야 하고 식사 시간도 너무 늦어지지 않게 조절하면서 일정한 스케줄에 따라 움직여야 한다는 단점도 있다. 하지만 우리 둘일 때는 더욱 거침없이 스케줄을 짜게 된다. 나는 반딧불이 투어가 진행되는 '셀랑고르 강(Selangor River)'에서 진행하는 모든 종류의 액티비티를 다 집어넣어 스케줄을 짰다. 오후 1시에는 갯벌에서 반영 사진을 찍는 '스카이 미러(Sky Mirror)', 오후 4시에는 배를 타고 강가에서 독수리에게 먹이를 주는 '이글 피딩(Eagle Feeding)', 오후 6시에는 오늘의 하이라이트인 '반딧불이 관찰(Firefly Watching)' 그리고 마지막으로 오후 7시 반에는 '블루티어스 관찰(Blue

Tears Watching)'을 하는 스케줄이었다. 여러 가족과 함께였다면 다소 부담이 되는 스케줄이었지만, 이번에는 우진이의 동의만 얻으면 되니 간단한 일이었다.

문제는 차량이었다. 현장 액티비티만 개별적으로 예약을 하다보니 차량이 포함되어 있지 않았고, 하루 동안 차량을 대절하기에는 대기 시간까지 비용에 포함되어 너무 아까웠다. 그래서 결국 그랩으로 택시를 불러서 가기로 했다. 장거리라서 택시가 잘 안 잡힐까 봐 걱정했는데 택시는 생각보다 잘 잡혔고 약 한 시간 반 정도를 달려 우리는 셀랑고르 강에 도착했다.

우리가 도착한 장소는 이곳이 맞나 의심될 정도로 허름한 강변 마을이었는데, 마을 분위기와 다르게 강변에는 화려한 도교 사원이 반짝반짝 빛나고 있었고 마을 어귀에는 곧 다가올 설날 연휴를 맞아 미사일인지 폭탄인지 알 수 없을 정도의 대형 폭죽이 설치되어 있었다.
조금 부조화스러운 마을 모습을 뒤로하고 택시 기사가 알려준 방향으로 걸어가자 강 위에 나무판자를 연결하여 만든 해산물 식당이 나왔고, 식당을 등지고 걸어가니 강둑에 커다란 배 모양의 식당 겸 여행사가 있었다. 이곳이 클룩에서 구매한 액티비티 상품의 집결지였다. 주위를 둘러보니 강 건너편에는 좀 더 그럴듯한 식당과 여행사들이 보였는데, 거의 여행사 패키지로 온 손님들이 방문하는 곳 같았고, 이곳이 액티비티만 단품으로 판매하는 유일한 곳이었다.

아직 집결 시간이 좀 남아서 선상 식당에서 간단한 스낵을 주문했는데 아무리 기다려도 음식이 나오지 않았다. 결국 스카이 미러 투어를 하러 가는 배에 탑승하고 나서야 식당 직원들은 음식을 포장해서 배로 전달해 줬는데, 음식이 생각했던 것보다 훨씬 맛있고 정성스러워서 즐거운 마음 으로 투어를 시작할 수 있었다.

스카이 미러는 물이 거의 빠진 갯벌에서 물에 비친 모습을 반영 사진으 로 찍는 액티비티였는데, 배를 타고 강을 가로질러 가다 보니 '어랏? 여 기 강인데 어떻게 갯벌이 나온다는 거지?' 문득 궁금해졌다. 가이드에게 물어보려고 돌아보니 이 배에 탑승한 모든 사람이 중국인, 가이드도 중국 인, 보트 선장도 중국인이었다. 나중에 알고 보니 이곳은 화교들이 사는 조그마한 어촌이고 여행사 역시 중국인이 주 고객이었다. 그래도 소싯적 배웠던 중국어로 알아들은 설명에 의하면, 이곳은 강물이 점점 얕아지면 서 바다와 만나는 지역인데 썰물 시에 일시적으로 갯벌이 드러나서 마치 바다 한가운데 갑자기 갯벌이 펼쳐지는 듯한 현상을 경험할 수 있다는 것이었다.

우리가 40분 동안 강을 가로질러 도착한 곳은 아직도 물이 허리까지 차 올라 있었는데, 직원들이 내려서 터를 잡고 장비를 내리는 동안 어느새

물이 무릎 아래로 내려갔다. 직원들의 도움을 받아 배에서 내리니 드넓은 바다 한가운데 광활한 갯벌이 펼쳐진 듯한 모습이 장관이었다. 분명 깊은 강을 오랫동안 달려왔는데 갑자기 바다 한가운데에 갯벌이 펼쳐지다니, 우진이도 신기한지 계속 두리번거리며 갯벌을 한없이 달려본다.

아이가 갯벌 동물들을 관찰하고 있는 사이, 직원들은 물이 다 빠진 갯벌에서 삽으로 웅덩이를 만들어 카메라 앞의 물이 고일 수 있도록 작업을 하고 있었다. 그렇게 완성된 야외 스튜디오에서 여러 팀은 제각기 익살스러운 포즈로 사진을 찍었다. 가족끼리 사랑스러운 사진을 찍는 팀도 있었고, 친구들끼리 엽기적인 포즈에 도전하는 팀도 있었다. 나와 우진이도 직원들이 준비해 준 인형, 우산 등의 소품을 가지고 여러 가지 재미난 포즈에 도전했다. 갯벌에 불편한 자세로 누워 사진을 찍어 주던 중국인 직원은 우진이의 포즈가 재미있다면서 촬영 시간이 끝났음에도 정성껏 사진을 찍어주었다. 직원들은 우리를 중국인으로 생각하고 편하게 말을 걸었다가 한국인임을 알고 여기를 어떻게 알고 찾아왔냐며 신기해했다.

스카이 미러 투어가 끝나고 다시 선상 식당으로 돌아와 간단하게 식사를 하고 마을을 한 바퀴 구경하니 두 번째 투어 '이글 피딩' 시간이다. 이번에는 별도의 가이드 없이 선장님이 가이드 겸 드라이버다. 나는 중국 지역어를 구사하시는 선장님의 말을 하나도 이해할 수 없었지만, 선장님은 유일한 모자팀인 우리에게 독수리가 잘 보이는 특별한 자리를 내어주셨고 가장 큰 독수리가 나타날 때마다 우진이에게 저길 보라며 손짓 해주셨다. '이글 피딩'은 강 한가운데서 양동이에 든 먹이를 뿌리고 독수리들이 모여드는 모습을 관찰하는 활동이었는데, 사실 '이글 왓칭' 정도가 더 적당한 것 같았다. 하지만 이렇게 많은 야생 독수리 떼를 보는 것은 처음이어서 보는 것만으로도 기억에 오래 남을 만한 장관이었다.

세 번째, 네 번째 투어가 이어지면서 우리는 어느새 여행사 직원들과 친해져 있었고, 선장님은 배에서 놀고 있는 우진이에게 직접 나무에서 딴 코코넛을 잘라주시기도 했다. 직원들은 한국과 한국 문화에 대해 이것저 것 물어보며 흥미를 보이곤 했는데 요즘은 어딜 가나 한류 문화가 관심의 대상이 되었음을 실감할 수 있었다.

드디어 기다리고 기대했던 '반딧불이 투어' 시간이다. 가이드는 출발 전 간단한 주의 사항만 얘기하고 배에서 내렸고, 가이드가 내리자 중국 인 손님들로 꽉 찬 배 3척이 동시에 출발했다. 하늘에서 해가 뉘엿뉘엿 넘어가고 있었고 목적지에 도착하자 어느새 어둠이 내려앉았다. 우리 배 는 강물 속에 반은 담겨 있는 듯한 큰 나무 옆에 자리를 잡았고, 선장님은 손짓으로 우리 모자에게 뱃머리로 이동해서 앉으라는 사인을 보냈다. 잠 깐의 적막 같은 시간이 지나고 어둠에 조금씩 익숙해지자 뭔가 반짝이는 것들이 눈앞에 보이기 시작했다. 여기저기에서 감탄사가 나올 때쯤 배는 나무숲를 따라 조금씩 옆으로 이동했는데, 정말 크리스마스 트리에 둘린 작은 전구들처럼 반딧불이들이 나무에 붙어 반짝거렸다. 선장님은 뱃머리에 앉은 우리에게 다가와 나무에서 반딧불이 한 마리를 떼어 우진이의 손에 놓아주셨다. 우진이는 배가 떠날 때까지 그 작고 소중한 것을 보물처럼 쥐고 있다가 배의 출발 신호를 듣고서야 반딧불이를 보내줬다. 아이에게도, 나에게도 짧지만 강렬한 경험이었다.

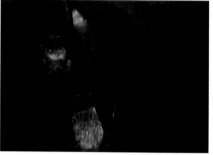

마지막 투어인 '블루티어스' 시간이 되자 이렇게 많은 투어를 하루에 보겠다고 욕심을 부린 게 후회가 되었다. 똑같은 배를 타고 네 번째나 똑같은 강을 달리고 있으니 왕복으로 치면 여덟 번인 셈이다. 이제 부릉부릉 출발을 알리는 보트 엔진 소리가 반갑지도 않았다.

블루티어스는 해양 플랑크톤의 일종으로 몸에 발광샘을 가지고 있어서 마찰을 가할 때 푸른 형광으로 색이 변하는 신기한 생물이다. 선장님은 투어에 참여한 사람들에게 손잡이가 긴 뜰채를 하나씩 나눠 주었는데 그것을 강물 속에 넣고 흔들자 젤리처럼 생긴 것들이 일제히 신비로운 푸른 빛을 뿜어냈다. 그것을 뜰채로 한 움큼 뜨면 금세 푸른 빛이 사라졌고 다시 흔들어 대면 생기는 것이 마치 빛이 나는 장난감 같았다. 블루티어스에 대해서는 들어본 적이 없어서 기대감이 없었는데 막상 이렇게 신기한 자연 현상을 보니 이곳에 오기 잘했다는 생각이 들었다.

문제는 돌아가는 차편이었다. 올 때처럼 그랩을 이용해서 편하게 집으로 돌아갈 계획이었는데, 삼십 분이 넘도록 그랩 지도상에 택시 한 대 보이지 않았다. 선상 식당도 이제 문을 닫을 때가 되어 정리를 하는 분위기였고 우리는 마음이 점점 급해졌다. 나는 오며 가며 인사를 나눴던 친절한 직원에게 상황을 얘기하고 도움을 청했고, 그 직원은 근처에 대절 차량을 운영하는 지인이 있다며 친절하게 연결해 주었다. 이 깜깜한 저녁에 택시가 아닌 개인 차량을 이용한다는 것이 조금 불안했지만 다른 선택이 없었다. 그 직원은 내가 불안해하는 모습을 보고 혹시 무슨 일이 생기면 전화하라며 자신의 개인 번호까지 알려주었다. 결국 그랩 택시보다는 조금 더 비싼 가격으로 협상하여 몽키아라까지 안전하게 도착할 수 있었다. 🖋

TIP!

반딧불이 투어 예약하는 방법

말레이시아에서는 쿠알라룸푸르와 코타키나발루에서 반딧불이를 볼 수 있는 투어가 있다. 다른 곳에서는 쉽게 경험할 수 없는 특별한 추억을 만들 수 있으니 이곳에 머무는 동안 꼭 반딧불이 투어를 경험해 보도록 하자.

반딧불이 투어에 참가하는 가장 쉬운 방법은 여행사에서 운영하는 패키지를 구매하는 것이다. 쿠알라룸푸르의 한인 여행사에 문의하면 단체 투어나 개인 맞춤 투어로 신청을 할 수 있다. 단체 투어의 경우 보통 '국립 모스크', '몽키힐(Bukit Melawati)', '바투 동굴(Batu Cave)', 해산물 석식을 포함한 10시간 정도의 일정이며, 가격은 1인 기준 약 250~350링깃이다. 또한 반딧불이 투어와 석식으로만 구성된 패키지는 더욱 저렴하게 구매할 수 있다. 개인 맞춤 투어는 개인이 멤버와 일정을 직접 구성해서 여행사에 문의하는 방법으로, 투어 참여 인원이 많아질수록 가격이 더 저렴해지나 9인승 차 한 대로 이동할 수 있는 인원을 넘어서지 않아야 한다.

또한 현지에서 액티비티 단독 상품을 구매하고 차량을 직접 준비하면 나만의 맞춤형 투어를 구성할 수 있어 더욱 편리하다. 액티비티 단독 상품은 한국어보다 영어로 검색할 때 더 많은 상품을 찾을 수 있고, 클룩에서 검색이 어려울 경우 구글에서 'Sky Mirror World'를 검색해 웹사이트를 통해 예약을 진행할 수도 있다. 스카이 미러 투어를 신청하는 경우에는 썰물 시간에 맞춰 매일 투어 일정이 달라지기 때문에 미리 공지된 시간에 맞춰 나머지 투어들도 예약해야 한다.

차량의 경우 투어 인원이 6명 이상이면 클룩에서 6시간 또는 10시간 차량을 대절하는 것이 편리하고, 4명 이하이면 그랩을 타고 가는 것이 더 경제적이다. 하지만 저녁 6시 이후에는 쿠알라 셀랑고르 지역에서 그랩택시를 잡기가 매우 어려우니 반딧불이 투어를 시작하기 전에 현지 여행사 직원에게 요청하여 차량을 예약하는 것이 좋다.

EP.13 한 번이면 충분한 '바투 동굴'

쿠알라룸푸르의 명소 중에 방문이 가장 망설여졌던 곳이 바로 '바투 동굴(Batu Cave)'이었다. 이곳은 몽키아라에서 약 20분 거리의 북동쪽 도로변에 있어 외곽 여행을 나갈 때마다 도로에서 그 장엄한 모습을 볼 수 있었다. 하지만 이미 다녀온 주변 이웃들에게 물어볼 때마다 '한 번쯤은 가볼 만한 가치가 있는 곳이지만 두 번은 가고 싶지 않다'라는 싸늘한 대답이 돌아오곤 했다. 사실 괜찮다고 대답하면 같이 가자고 꼬셔볼 생각이었는데 누구도 원하는 것 같지 않았다.

나 역시 이곳에 가려고 생각할 때마다 막상 발걸음이 쉽게 내디뎌지지 않았는데, 바로 후기에서 들은 수많은 비둘기 떼와 난폭한 원숭이들 때문이었다. 내가 가장 무서워하는 동물이 비둘기, 원숭이, 닭인데 이 세 동물이 가는 곳마다 돌아다닌다는 후기가 내 발걸음을 무겁게 만들었다. 하지만 끝없이 이어지는 형형색색의 계단과 신비로운 바위산을 배경으로 우뚝 서 있는 42.7m의 대형 무루간상, 그리고 한 줄기 빛이 바위틈으로 들어오는 신비한 석회 종유 동굴을 직접 보고 싶은 마음이 갈수록 커졌다.

결국 미루고 미루다가 한 달 살기가 거의 끝나가던 무렵 큰마음을 먹고 바투 동굴을 방문하게 되었다. 사실 나에게는 믿는 구석이 하나 있었는데 다름 아닌 여덟 살배기 아들이었다. 발리에서도 원숭이가 많은 '몽키 포레스트'에 가거나 닭보다 큰 새들이 성큼성큼 배회하는 '새 공원(Bird park)'에 갈 때 우진이 뒤에 숨어다니거나 멀리에 앉아 줌을 당겨 사진을 찍곤 했다. 우진이는 혼자서 동물 사이를 뛰어다니며 놀다가 어떤 이름 모를 큰 새가 내 쪽을 향해 걸어오면 훠이 훠이 손짓으로 쫓아주곤 했다. 그러니 이 작고 사랑스러운 아이가 어찌 든든하지 않을 수 있겠나...

바투 동굴은 입구부터 마치 인도를 연상케 하는 모습이었다. 이곳에서는 매년 2월 초에 '타이푸삼(Thaipusam)'이라는 힌두교 축제가 열리는데 이 시기에 전국에서 백만 명의 순례자들이 모여든다고 한다. 아직 축제가 시작되기 일주일 전이었음에도 바투 동굴은 수많은 힌두교도과 여행자들로 인산인해를 이루고 있었다. 하지만 사람보다 더 많은 것이 있었으니 광장을 가득 채우고 있는 비둘기 떼였다. 넓은 광장을 독점하고 있는 비둘기 떼를 피해 좁다란 인도로 조심스럽게 걸어가고 있으면 여기저기에서 원숭이들이 튀어나왔다. 원숭이 덩치가 얼마나 큰지, 큰 놈은 몸을 쫙 펼칠 때 우진이보다도 커 보였다. 게다가 원숭이들은 무분별하게 몰려오는 관광객들에게 화가 나 있었는지 너무 공격적이고 난폭해서 보고만 있어도 무서워서 몸이 떨렸다.

겨우 비둘기 광장과 원숭이 길을 통과하여 계단 입구에 다다르자 이번에는 입구를 장악한 인도 사람들이 스카프를 강매하고 있었다. 사실 사원 입구에서 반바지나 민소매를 입은 관광객들에게 소정의 돈을 받고 스카프를 빌려주는 일은 힌두 사원에서 매우 일반적인 일이다. 그렇기 때문에 더운 날씨에 굳이 긴바지를 입고 땀을 뻘뻘 흘리고 다닐 필요 없이 사원 입구에서 스카프를 빌릴 계획으로 반바지를 입고 간 것이었다. 하지만 이곳은 '대여'가 아닌 '판매'를 하고 있었다. 울며 겨자 먹기로 스카프를 사려고 문의하니 이 촌스럽고 재질이 나쁜 스카프를 30링깃에 판매하는 것이었다. 나는 가격을 협상하려고 시도하다가 마치 불경스럽다는 표정으로 단호하게 'No'를 외치는 인도 할머니 포스에 눌려 그대로 돌아서야 했다. 몇몇 반바지 차림의 서양인들은 입구를 장악한 스카프 판매인들이 소리를 지르며 부르는데도 못 들은 척 계단을 향해 성큼성큼 올라가고 있었다. 하지만 그런 행동들은 타인의 종교에 대한 존중이 결여된 행동이다. 우리는 그들의 문화를 체험하러 온 이방인으로서 그들이 규율을 존중해야 할 의무가 있다.

우리는 다시 그 무서운 비둘기 광장과 원숭이 길을 되돌아 나가 상가들이 모여 있는 길로 들어갔다. 이곳에서 10링깃에 나름 퀄리티 좋은 잠옷 바지를 하나 구매해서 임시방편으로 입게 되었는데, 나중에 숙소에 가져와 세탁했는데도 물빠짐 하나 없고 재질도 마음이 들어 한국까지 가져오게 되었고 그후로도 여전히 즐겨 입게 되었다.

상가에서 산 잠옷 바지를 주섬주섬 껴입고 다시 바투 동굴 입구로 향했다. 인도의 장인들이 3년 동안 만들었다는 거대한 '무루간(Murugan)상'을 구경하고 272개의 계단을 올라 바투 동굴로 올라가는 코스였다. 우진이는 나보다 체력도 좋고 계단도 잘 올라가서 큰 걱정은 없었지만 역시나 난폭한 원숭이들이 문제였다. 원숭이들은 관광객의 음식이나 음료수를 뺏어가려고 가방을 호시탐탐 노리며 따라다녔다. 처음에는 우진이가 엄마를 지켜준다며 원숭이들 앞을 막아서며 앞서갔지만, 조금 더 올라가자 큰 원숭이들이 나타나서 우진이가 위험할 것 같아 최대한 원숭이가 없는 길을 찾아 조심스럽게 올라갔다.

272개의 계단은 인간이 태어나 저지를 수 있는 죄의 수라고 한다. 세 부분으로 나누어진 계단의 좌측은 과거의 죄, 중앙은 현재의 죄, 우측은 미래의 죄이고, 이것을 오르는 것은 죄를 참회하는 의미가 담겨 있다고 한다. 우리는 원숭이를 피해 이리저리 옮겨 다니며 계단을 올랐으니 과거, 현재의 죄는 물론 미래의 죄까지 미리 참회한 셈이었다. 힘겹게 272개의 계단을 오르니 장엄한 동굴 안에 신비로운 힌두교 건축물이 자리잡고 있었다. 동굴 안에는 자연이 빚어낸 아름다운 종유석들이 바위틈에서 쏟아져 나오는 햇빛에 반짝이고 있었는데 이 모습이 마치 다큐멘터리의 한 장면을 보는 것 같았다. 하지만 아름다움을 감상할 틈도 없이 수많은 원숭이와 닭이 동굴을 누비고 있었는데, 나에게는 여기까지 오는 여정이 비둘기 길, 원숭이 길, 닭 길을 순서대로 극복해야 하는 난관의 상징 같았다.

어디선가 나타난 힌두교 사제가 바닥에 먹이를 뿌리자 동굴 여기저기에 숨어 있던 원숭이들이 엄청나게 몰려들기 시작했다. 너무 신기한 모습에 넋을 놓고 쳐다보다가 이때가 기회다 싶어서 원숭이들이 없는 동굴을 구경하기 시작했다. 많은 사람의 기도가 쌓인 곳에서는 언제나 묵직한 에너지와 성스러운 기운이 느껴진다. 동굴 내부는 생각보다 컸지만 사원을 제외하고 구경할 거리가 없어서 사진만 몇 장 찍고 다시 272개의 계단을 내려가 원숭이 길과 비둘기 광장을 지나 주차장에 도착했다. 다시 뒤를 돌아보니 뭔가 낯설고 무서웠던 꿈속 세상에서 빠져나온 듯한 기분이 들었다. 꼭 한 번은 가봐야 하지만 다시는 가고 싶지 않은 곳, 나에게 바투 동굴은 그런 곳이었다.

TIP!

바투 동굴 가는 방법과 준비물 소개

바투 동굴은 몽키아라에서 차량으로 약 20분 걸리는 가까운 곳에 위치하고 있어서 주말이나 평일 오후에 아이와 쉽게 방문할 수 있는 곳이다. 만약 시내에 숙소를 잡았다면 KTM을 타고 바투 동굴 역에서 내리면 쉽게 찾아갈 수 있다. 그랩 택시를 타고 가는 경우에는 입구 주변이 매우 혼잡하고 주차장으로 들어가는 차량 행렬이 길기 때문에 입구에서 조금 떨어진 곳에서 미리 내리는 것이 좋다. 노약자가 동반한 경우에는 그랩 택시를 타고 내부까지 들어갈 수도 있다. 이런 경우 입구를 지키는 관리인에게 차량 출입문을 열어달라고 손짓을 해야 문이 열리고 들어갈 수 있게 해 준다. 하지만 방문객이 많고 주변이 혼잡하기 문에 순례자가 많은 시즌이나 관광객이 많은 주말에는 되도록 대중교통을 이용하는 것을 추천한다.

이곳은 '곰박(Gombak)'이라는 지역에 위치한 세계적인 종유석 동굴인데, 1878년에 미국인 박물학자가 발견한 이후 힌두교 신자가 이곳에 절을 세우면서 힌두교 최대의 성지가 되었다고 한다. 보통 한국 여행자들은 반딧불이 투어나 시티 투어를 갈 때 함께 방문하고 있다.

272개의 계단을 올라가면 1891년에 세워진 힌두사원이 있고 동굴의 내부에는 다양한 형상의 힌두신들이 모셔져 있다. 이곳은 3개의 주요 동굴과 여러 개의 작은 동굴로 이루어져 있는데, 가장 큰 동굴인 사원 동굴은 길이 400m, 높이 100m이다. 각 동굴의 내부에서는 다양한 형태의 종유석들을 감상할 수 있다.

  바투 동굴에 갈 때는 팔, 다리가 가려지는 형태의 옷을 입어야 한다. 이는 다른 힌두교 사원도 모두 동일한 규율이다. 만약 민소매나 반바지를 입었다면 사원 입구에서 스카프를 강매당하니, 잠시라도 두를 수 있는 개인 스카프를 준비해 가는 것이 좋다. 그리고 이곳은 계단이 많아 노약자들이 힘들어하는 곳이기 때문에 어린아이나 부모님과 동행하는 경우 등산 스틱을 가져가면 도움이 될 수 있다. 마지막으로 지퍼가 없는 에코백을 들고 가면 원숭이들의 타겟이 될 수 있고 소중한 물을 뺏길 수도 있으니 반드시 지퍼가 있는 안전한 가방에 물과 음식을 넣어 가도록 하자.

EP. 14 주석으로 나만의 그릇 만들기
'주석 박물관'

어느 도시든지 그 도시의 특산품이 있기 마련이다. 보통 쿠알라룸푸르를 방문한 여행자들이 많이 구매하는 상품은 올드타운(Old Town) 커피나 통 갓 알리(Ali) 커피, 보(Boh)차, 건망고, 카야잼, 해삼 비누, Fipper 샌들 등 이지만, 이 상품들을 쿠알라룸푸르의 특산품이라고 할 수는 없다. 말레이시아 전역뿐 아니라 다른 동남아 국가에서도 쉽게 구매할 수 있기 때문이다. 사실 공식적인 말레이시아 특산품은 고무와 팜유인데 이것들은 다른 동남아 국가에서도 재배되고 있고, 역사, 재배 방식, 가공 상품 등을 한데 모아 놓은 장소가 특별히 없기 때문에 쿠알라룸푸르만의 특색을 느낄 수 있는 무언가를 찾고 싶었다.

한번은 말레이시아 현지인 친구를 만나 이런저런 이야기를 나누다가 이 지역만의 특산품을 경험해 보고 싶다는 얘기를 했는데, 그 친구는 이 도시가 원래 주석 산지로 개발되기 시작했다며 '주석 박물관'을 가보라며 추천해 주었다. 듣고 보니 아이와 국립 박물관에 갔을 때 주석과 고무에 대한 전시물을 봤던 것이 떠올랐다. 그때는 문 닫을 시간이 다 되어 자세히 보지 못하고 나왔었는데 이 도시를 만든 일등 공신이 '주석'이라는 말을 들으니 한번 자세히 알고 싶다는 생각이 들었다. 검색을 해보니 '로열 셀랑고르(Royal Selangor)'라는 주석 브랜드에서 운영하는 견학 센터가 있어 주석의 역사는 물론 공장 견학, 작품 만들기 체험까지 참여할 수 있다고 한다.

로열 셀랑고르 견학 센터(Royal Selangor Visitor Center, 이하 '주석 박물관')는 도시의 동북쪽에 위치하고 있는데, 몽키아라에서는 약 15km 떨어져 있지만 고속도로를 타고 갈 수 있어서 그랩 택시로 이동 시 25분 정도가 소요되었다. 마침 친구 가족도 이곳에 방문해 본 적이 없어서 이번에도 동행하기로 했다. 아이들은 친구와 함께 가는 여행이라면 어디든지 상관없이 마냥 좋아하고, 다녀와서도 그곳을 행복한 추억으로 기억한다. 그것만으로도 반절은 성공이니 우리와 많은 시간을 동행해 주는 친구 가족에게 늘 고마운 마음이었다.

로열 셀랑고르 견학 센터는 브랜드 홍보 목적으로 설립된 시설이기 때문에 입장료가 무료이지만, 주로 주석 산업의 성장을 로열 셀랑고르 브랜드의 역사와 엮어 설명하고 있었고 투어가 끝난 후에 전시장에서 자사 상품을 구매하도록 홍보를 하고 있었다.

우리가 도착했을 때 입구에는 사람들이 삼삼오오 모여 있었는데 온라인으로 사전에 신청해야 하는 정규 투어가 막 시작하려던 참이었다. 마침 몇 자리가 비어 우리는 현장에서 투어에 참석할 수 있었다. 가이드는 주석의 발견과 역사, 그리고 중국 이민자가 세운 자사의 성장 스토리를 중심으로 투어를 진행했다. 흥미로웠던 점은 1885년 주석 공장을 창립한 아버지가 돌아가신 후 자식들이 각자 자신의 주석 회사를 만들어 운영하게 되었는데, 결국 지금의 셀랑고르만 남게 되었고, 그 후로 술탄의 인정을 받으면서 '로열(Royal)' 셀랑고르로 자리를 잡게 되었다는 점이었다.

　그다음은 주석이라는 금속의 특성과 무게, 소리 등을 활용한 흥미로운 전시를 관람했는데, 상품을 만드는 재료가 사실 '주석(Tin)'이 아니라 납과 주석의 합금인 '백랍(Pewter)'이라는 것도 알게 되었다.

　다음으로 가이드를 따라 관람 통로로 이동하니 많은 사람이 수작업으로 일하고 있는 공장이 나타났다. 이렇게 넓은 공장의 모습을 위에서 내려다보고 있으니 마치 감독관이 된 것 같았다. 그리고 방금 전까지 이론적으로 배웠던 주석이라는 금속으로 이렇게 다양하고 예쁜 제품을 만들고 있다는 사실이 인상적이었다. 공장 쪽으로 들어가는 통로에는 근사한 주석 잔에 말레이시아의 국민 음료 '100 plus'를 시음하는 코너가 있었다. 내가 먼저 마셔보니 포카리스웨트와 밀키스를 섞은 맛이었다. 물론 우진이도 이 음료수를 무척 좋아하게 되었고 나중에는 말레이시아 여행 중에 어딜 가나 찾는 최애 음료가 되었다.

　공장 한 켠에는 장인들이 주석으로 여러 가지 작품을 만드는 모습을 관람하는 코너가 있었는데, 분명 한 덩이의 금속에 불과하던 백랍이 순식간

에 정교한 작품으로 태어나는 과정이 정말 신기했다. 아이들도 장인의 손
놀림에 감탄을 연발하며 놀라워했다.

이쯤 되면 기념품에 인색한 나조차도 조그마한 장식품 하나 구매하고
싶은 욕심이 든다. 생각해 보니 매일 운영되는 공장에 전시물을 설치해서
견학 프로그램을 만든 것은 2차 산업을 4차 산업으로 발전시킨 매우 기
발한 아이디어인 것 같았다. 이 도시의 특산품인 주석도 홍보할 수 있고
더불어 자사 제품 판매 기회도 높일 수 있으니 그야말로 일석이조이다.

사실 동남아를 패키지여행으로 가게 되면 라텍스 공장이나 보석 가공
센터 같은 곳을 견학하고 상품 구매를 유도하는 코스가 꼭 일정에 있기
마련이다. 하지만 로열 셀랑고르 견학 센터는 자사 상품 홍보보다 '주석'
이라는 금속에 대한 지식과 쿠알라룸푸르의 주석 산업을 더 중점적으로
설명하고 있어 '홍보관'보다는 '박물관'의 성격이 강했다. 아마도 산업을
이끄는 일등 브랜드라는 자부심에서 나오는 컨셉 같았다. 그리고 아이러
니하게도 그 컨셉으로 인해 더 자발적으로 기념품을 소장하고 싶은 욕심
이 생기는 것 같았다.

하지만 막상 전시장에서 로열 셀랑고르 제품을 보니 그 가격에 눈이 휘둥그레졌다. 아이에게 기념품으로 사주려고 했던 손바닥만 한 장식품이 500링깃, 남편과 로맨틱하게 한잔하려고 했던 와인잔 세트가 2,000링깃이다. 게다가 아이들이 좋아하는 마블(Marvel) 캐릭터와 협업한 작품들은 가격이 더 사악하다. 시내 곳곳에도 매장이 있어 더 생각해 보고 구매해도 될 것 같아 아쉬운 마음으로 돌아섰는데 마침 상품 전시장 옆에 체험 공간이 보였다. 직원에게 물어보니 이곳에서 주석으로 나만의 그릇을 만드는 체험을 진행한다고 했다. 이렇게 비싼 기념품을 사느니 차라리 직접 만드는 체험이 나을 것 같아 현장에서 예약 할 수 있는 '주석 그릇 만들기' 체험을 신청했다.

주석으로 나만의 그릇을 만드는 체험은 비슷한 영화 제목을 패러디한 'School of Hard Knocks'라는 이름으로 진행되었다. 체험은 편편한 원판 모양의 주석을 옴폭한 나무 선반에 올려놓고 나무망치로 두드려서 오목한 그릇으로 만들어 내는 단순한 과정이었다. 하지만 이름만큼이나 센스 있게 그릇에 내 이름이나 문구를 새길 수 있었고, 사용했던 예쁜 앞치마와 기념 증서를 선물로 줘서 아이들이 무척 좋아했다.

한국에 와서도 우리는 그 주석 그릇을 작은 포켓몬 피규어를 담는 용도로 잘 사용하고 있다. 며칠 전에는 우진이가 친구들에게 직접 만든 주석 그릇을 보여 주고 싶다며 학교에 가져간 적도 있었다. 전시장에서 산 고급스러운 작품보다 자신이 직접 만들어 본 소중한 경험이야말로 진정한 기념이 아닐까 생각해 본다. 덕분에 돈도 굳었고 말이다.

마지막으로 기분이 좋아진 아이들과 함께 주석 잔으로 만들어진 KLCC 타워 앞에서 사진을 찍으며 주석 박물관 여행을 마무리했다.

TIP!

주석 박물관 가는 방법과 즐길 거리 소개

주석 박물관은 쿠알라룸푸르 시티의 동북쪽에 위치하고 있어 그랩 택시로도 쉽게 찾아갈 수 있고, 시내에 위치한 주요 호텔에서 주석 박물관까지 전용 셔틀도 운영하고 있어 편리하게 다녀올 수 있다. 셔틀은 로열 셀랑고르 견학 센터(Royal Selangor Visitor Center) 웹사이트에서 픽업 가능한 호텔을 선택하여 선호하는 시간대를 선택하면 된다.

관람 코스는 역사박물관(Museum), 과학 실험(Science Discovery Gallery), 작업 관람(Live Craftsmanship Showcase), 체험(Workshop), 상품 전시장 관람(Retail Showroom)으로 구성되는데 '역사박물관'은 로열 셀랑고르의 탄생과 역사, 주석 산업의 성장 등을 설명하는 구간으로 아이들이 다소 지루해할 수 있고, '과학 실험'에서는 주석의 성질을 이용한 여러 가지 실험 모형들이 있어 아이들이 재미있게 참여할 수 있다.

가이드 투어는 셔틀과 함께 웹사이트에서 신청할 수 있으며 말레이시아어, 영어, 중국어 선택이 가능하다. 또한 현장에서 오디오 가이드를 신청하면 가는 곳마다 자동으로 설명이 나오는 장비를 대여해 주는데, 오디오 가이드에서는 한국어 선택을 할 수 있어서 더욱 편하게 주석 박물관을 즐길 수 있다. 아이들과 함께 관람하는 경우 영어로 진행하는 가이드 투어보다 아이들의 속도에 맞춰 모국어로 설명을 들을 수 있는 오디오 가이드를 추천한다. 과학이나 금속 관련 전문 용어가 많아서 영어로 가이드 설명을 듣기가 조금 힘들 수 있고, 아이들이 지루해하는 '역사박물관'보다 흥미 요소가 많은 '과학 실험' 코너에서 더 많은 시간을 보내도록 시간을 자유롭게 조절할 수 있기 때문이다.

아이들과 주석 박물관에 간다면 나만의 주석 그릇 만들기 체험에 도전해 보도록 하자. 단순한 관람보다 직접 만드는 체험이 기억에 훨씬 오래 남기 때문이다. 주석 박물관에서는 원판을 두들겨서 오목한 그릇으로 만드는 'School of Hard Knocks' 프로그램과 주석 덩어리로 나만의 액세서리를 만드는 'The Foundry' 프로그램을 운영하고 있다. 'School of Hard Knocks' 체험은 아이들도 쉽게 만들 수 있어서 인기가 많으며 대략 20분 정도 소요된다. 'The Foundry' 체험은 다양한 공구를 사용하기 때문에 15세 이상 성인만 참여 가능하며 소요 시간은 약 1시간이다. 체험비는 각각 76링깃, 180링깃이며 클룩에서 예매하면 점심까지 제공되는 패키지를 조금 저렴하게 구매할 수 있다.

마지막 코스인 상품 전시장 옆쪽으로 레스토랑 '더카페(The Cafe)'가 있는데 맛도 좋고 가격도 합리적이어서 이곳을 찾는 방문객들에게 인기가 많으니 시간 여유가 있다면 한번 방문해 보도록 하자.

EP.15 말레이시아의 작은 마카오, '겐팅 하이랜드'

쿠알라룸푸르에서 1시간 이상 떨어진 근교 여행지로는 해상 무역의 중심지였던 '말라카(Malacca)', 항구 도시 '포트 딕슨(Port Dickson)', 자연의 아름다움을 느낄 수 있는 '칠링 폭포(Chiling Waterfalls)', 프랑스 마을이라고 불리는 콜마르 트로피칼(Colmar Tropicale)과 '일본 정원(Japanese Garden)', 마지막으로 시원한 고원지대에 펼쳐진 화려한 리조트 단지 '겐팅 하이랜드(Genting Highland)'가 있다.

처음 쿠알라룸푸르 한 달 살기를 계획할 때 평일에 놀러 갈 곳, 주말에 놀러 갈 곳을 구분하여 찾아보기 시작했었다. 우리에게 주어진 주말은 고작 4번뿐이었는데, 그중 설 연휴 기간에는 대규모 인구 이동으로 쿠알라룸푸르 도시 밖에 나가기가 힘들다고 들어서 총 3번의 주말이 있는 셈이었다. 그래서 처음에는 주말마다 이국적인 느낌이 물씬 나는 근교 여행지로 '여행 속의 여행'을 떠나려고 했었다.

하지만 쿠알라룸푸르에서 근교 여행지로 가는 길은 주말마다 차가 막혀 도로에서 많은 시간을 보내야 한다는 정보를 듣고 근교 여행지에 대한 욕심을 내려놓기 시작했다. 사실 쿠알라룸푸르는 볼거리가 많은 국제도시어서 한 달이라는 시간은 이 도시를 충분히 즐기기에도 부족한 시간이었다. 그래서 쿠알라룸푸르 내에서 최대한 많은 곳을 구경하고, 근교 도시는 딱 한 곳만 골라서 여행을 가기로 계획을 변경했다. 그리고 근교 여행지

중에서 아이도, 나도 가장 즐거울 만한 곳을 하나 선택했는데, 그곳이 바로 '겐팅 하이랜드'였다.

'구름 위의 라스베이거스'라는 별명을 가진 겐팅 하이랜드는 쿠알라룸 푸르에서 북동쪽으로 약 50km 떨어져 있으며, 해발 2,000m의 고원이라서 일년내내 20도의 시원한 날씨에서 휴가를 즐길 수 있는 곳으로 인기가 많다. 이곳은 말레이시아의 대표 레저 시설답게 카지노, 테마파크, 쇼핑, 먹거리, 골프, 컨벤션, 리조트 등 우리가 상상할 수 있는 거의 모든 엔터테인먼트 시설을 즐길 수 있다.

원래는 토요일 아침 일찍 출발하려고 했는데, 그 전주 토요일에 방문했던 이웃에게서 사람이 너무 많아 놀이기구를 탈 때 많이 기다렸다는 이야기를 들었다. 그래서 금요일 오후에 우진이가 하원하자마자 그랩 택시를 불러 출발하게 되었다. 주요 터미널에서 전용 버스를 타고 가거나 클룩에서 운영하는 왕복 셔틀을 타고 가는 방법도 있었지만, 금요일 시간을 더 알차게 보내기 위해 몽키아라에서 바로 택시를 타고 가는 방법을 선택했다. 택시는 북쪽으로 약 한 시간을 달려 겐팅 고원 지대에 도착했다.

'구름 위'라는 뜻을 가진 고원 도시 겐팅은 산 위의 레저 단지와 산 아래의 쇼핑/골프 단지로 나누어져 있는데, 이 두 단지를 케이블카로 오갈 수 있었다. 케이블카는 예전에 사용하던 '겐팅 스카이웨이(Genting Skyway)'와 새롭게 오픈한 '아와나 스카이웨이(Awana Skyway)'가 있었는데, 새롭게 설치된 아와나 스카이웨이는 탑승장 주변에 아울렛과 음식점들이 있어서 산 아래에서도 충분히 즐거운 시간을 보낼 수 있는 곳이었다. 그리고 케이블카를 타고 올라가다가 중간에 산 중턱에서 내려 경치좋은 '친스위 사원(Chin Swee Caves Temple)'도 구경할 수 있고, 바닥이유리로 된 케이블카도 있어서 좀 더 스릴 있게 여행을 즐길 수도 있었다. 하지만 우리가 방문했을 때는 아와나 스카이웨이가 공사 중이었기 때문에 산 아래 쇼핑 단지가 모두 휴업 중이었고, 아쉽게도 예전 케이블카인겐팅 스카이웨이를 타고 산 위의 레저 단지로 직행해야 했다.

또한 아와나 스카이웨이 공사로 산 아래 호텔을 이용하는 데에도 문제가 생겼다. 산 위의 호텔들은 카지노 시설을 이용하는 성인들이 많아 아이와 투숙하기 좋지 않다는 말을 들어서, 저녁까지 산 위의 레저 단지에서 놀다가 산 아래로 내려와 가족형 호텔에서 투숙하고 싶었다. 하지만지금은 산 아래 어떤 레저 시설도 운영하지 않아 다음날 산 위로 다시 케이블카를 타고 올라가야 하는 번거로움이 있었다. 금쪽같은 시간을 이동으로 채우고 싶지 않아 어쩔 수 없이 산 위에 있는 호텔에 머물기로 했는데, 다행히도 산 위의 호텔 중 마지막 남은 1개의 룸을 예약할 수 있었다.

그렇게 가까스로 숙소를 예약하고 케이블카를 타고 산 위로 올라갔다. 산이 가파르고 위로 올라갈수록 구름에 둘러싸여 조금 으스스하고 무서운 기분도 들었다. 평일이라 사람이 많지 않아서 우진이와 둘이 타게 되었는데, 오래된 구형 케이블카라서 바람만 불어도 흔들거렸고 삐걱삐걱 소리가 나서 뭔가 불안한 마음이 들었다. 이럴 때 아이의 작은 손을 잡고 있으면 내가 지켜줘야 한다는 책임감이 들면서 불안한 마음이 사라지곤 한다. 아이에게 불안함을 들키지 않으려고 주거니 받거니 퀴즈를 내면서 산 위의 레저 단지로 올라갔다.

산 위의 레저 단지를 정말 거대하고 웅장했다. 그리고 매우 중국적이었다. 설 연휴를 앞두고 있어서인지 보이는 곳마다 온통 빨간색으로 장식되어 있었고 중국어가 사방에서 흘러나왔다. 중국 음식, 중국 광고, 중국 브랜드... 모든 것이 중국이어서, 카지노와 테마파크가 있는 이 큰 레저 단지는 마치 마카오를 연상케 했다. 하지만 어떻게 이런 산꼭대기에 대규모의 시설을 건설할 수 있었는지 정말 신기하고 놀라웠다.

레저 단지는 중심부 한 바퀴만 돌아보는 데에도 1시간도 넘게 걸릴 정도로 그 규모가 방대하고 화려했다. 하지만 예전 케이블카가 연결된 지역은 약간 노후되어 있었고, 새로운 케이블카가 연결된 지역은 더욱 시설이 좋고 화려하다는 차이점이 있었다.

우리는 우선 짐을 풀기 위해 어렵게 예약한 호텔로 향했다. 우리가 예약한 호텔은 카지노 옆에 위치한 '퍼스트 월드 호텔(First World Hotel)'이었는데, 객실 수가 7,351개로 세계에서 가장 많은 객실을 보유한 곳이라고 한다. 이곳에 오는 그랩 택시에서 온라인으로 예약을 할 때 우리를 마지막으로 전 객실이 마감되었는데, 7,351개의 방이 모두 가득 찼을 정도면 정말 많은 사람이 이곳을 방문하고 있다는 것을 가늠할 수 있었다. 이곳은 가격이 저렴한 3성급 호텔인 만큼 시설이 노후되고 서비스는 기대하기 어렵다는 평이 있었지만, 주요 레저 시설에 편리하게 접근할 수 있는 위치 하나만 보고 고민 없이 선택하게 되었다. 하지만 막상 담배 냄새가 자욱한 호텔 로비와 수백 명의 중국 투어 팀들을 보자 조금 번거롭더라도 산 밑의 가족형 호텔을 예약할걸.... 후회하게 되었다. 방에 들어가서 제대로 닫히지 않는 창문틀과 얼룩이 묻어 있는 침대 시트, 먼지 자욱한 실링 팬에 다시 한번 실망을 하고 되도록 밖에서 시간을 많이 보내고자 서둘러 호텔에서 나와 테마파크로 향했다.

　테마파크는 실외와 실내 시설이 별도로 운영되고 있었는데, 실외에는 우진이가 즐길 수 있는 놀이기구가 별로 없어서 우리는 실내 테마파크인 '스카이트로폴리스(Skytropolis Indoor Theme Park)'를 방문하게 되었다. 밖에서 볼 때는 규모가 작아 보였는데 막상 들어가니 아이들이 놀 수 있는 놀이기구가 옹기종기 모여 있어 우진이 나이 또래의 아이들이 즐기기에 적당해 보였다. 평일이어서 사람이 별로 없었기 때문에 우리는 여러 가지 놀이기구를 종횡무진하며 탈 수 있었다. 놀이기구를 너무 많이 타는 바람에 나중에는 속이 울렁거렸고, 우진이가 난이도 있는 놀이기구를 세 번 연속으로 타자고 할 때면 차라리 대기가 좀 있어서 기다리는 동안 놀란 심장 좀 진정시키고 싶은 마음이었다.

　지칠 때까지 놀이기구를 타다가 저녁을 먹으러 나가니 음식점들이 모여 있는 코너에는 평소 가보고 싶었던 말레이시아의 유명 음식점 체인이

모두 들어와 있는 것 같았다. 먹고 싶은 음식이 많았지만 '파이브 가이즈 (Five Guys)' 햄버거를 먹고 싶다는 우진이와 합의점을 찾지 못하고 결국 각자 좋아하는 음식을 포장해서 벤치에서 먹게 되었다. 이렇게 화려하고 멋진 곳에 와서 벤치에서 포장 음식을 먹고 있다니... 그 상황이 웃기기도 하고 슬프기도 했지만, 자기가 선택한 음식을 야무지게 먹고 있는 우진이를 보니 이것마저도 추억이 될 것 같다는 생각이 들었다.

우리는 레저 시설이 다 문을 닫고 나서야 최대한 늦게 숙소에 들어왔다. 저녁이 되자 허름한 숙소에 싸늘함마저 더해져 더 으스스했지만 우진이는 침대에서 재미있는 (삐걱거리는) 소리가 난다면서 방방 뛰며 즐거워했다. 아이의 웃음소리가 스산한 분위기마저 즐거움으로 덮어준다. 그리고 오늘 하루 너무 재미있었다고 말하며 내 품에서 스르르 잠드는 아이를 보니 급하게 떠나온 힘들었던 하루도, 허름한 이 방도 모두 따스함으로 느껴지는 것 같았다. 아이는 힘든 하루도 선물로 바꿔주는 마법 같은 존재임이 틀림없다.

다음 날은 체크아웃을 하고 간단히 아침을 먹은 후에 카지노 위층에 있는 키즈 카페 '정글짐(Jungle Gym)'에서 시간을 보냈다. 원래는 실내 테마파크가 오픈하는 2시까지 기다렸다가 다시 한번 놀고 가려고 했는데, 토요일이라 사람들이 점점 많아지고 있어서 일찍 서둘러 케이블카를 타고 내려가게 되었다. 원래는 케이블카에서 내려 그랩 택시를 부를 생각이었는데 마침 KL 센트럴로 가는 전용 버스가 출발하는 시간이어서 얼떨결에 이 버스에 탑승하게 되었다. 아이와 함께할 때는 보통 계획적으로 행동하는 편이어서 이렇게 즉흥적인 여행을 한 적은 처음이었는데, 우진이도 나도 계획 없는 일정에 더욱 자유로움과 스릴을 느낄 수 있었다.

TIP!

겐팅 하이랜드에 가는 방법과 즐길 거리 소개

겐팅 하이랜드는 '구름 위의 라스베이거스'라는 별명답게 화려한 레저 도시를 산 위에 그대로 옮겨놓은 듯한 장소이다. 이곳은 유명한 레저 도시들과 마찬가지로, 아이들은 테마파크에서 신나게 놀 수 있고, 어른들은 골프나 쇼핑도 즐길 수 있고, 맛있는 음식점까지 많아서 모두의 니즈를 충족시킬 수 있어 만족도가 높은 곳이다.

보통 한국인들은 현지 여행사 일일 투어나, 한국에서 출발하는 골프 패키지로 이곳을 많이 방문하고 있는데, 쿠알라룸푸르에서 한 달 살기를 하고 있다면 전용 버스를 이용해서 방문할 수도 있다. 전용 버스는 쿠알라룸푸르의 Pudu Central, Jalan Pekeliling, KL Central, TBS (Terminal Bersepadu Selatan) 총 4곳 터미널에서 탈 수 있으며 겐팅 하이랜드의 스카이웨이까지 왕복 노선을 이용할 수 있다. 버스 시간은 www.easybook.com 에서 확인할 수 있으며 주말이나 연휴에는 사전에 예약하는 편이 좋다. KL Cental에서 출발하는 버스의 경우 버스와 케이블카를 패키지로 판매하는 티켓도 있어 더욱 저렴하게 이동 수단을 구매할 수 있다.

또한 그랩 택시를 타고 편리하게 겐팅 하이랜드까지 갈 수도 있는데, 이 경우 케이블카를 타지 않고 산 위의 레저 시설까지 바로 올라갈 수도 있다. 우리는 산 위로 가려면 꼭 케이블카를 이용해야 하는 줄 알고 그랩 택시로 케이블카 승차장까지 가서 다시 케이블카를 타고 올라갔다. 물론 재미있는 경험이었지만 고소공포증이 있거나 아이가 어릴 경우에는 택시로 산 위까지 올라가는 방법을 추천하고 싶다.

겐팅 하이랜드는 생각했던 것보다 훨씬 규모가 컸다. 하지만 아이를 동반한 가족의 경우 테마파크와 음식점, 키즈 놀이 시설을 주로 이용하기 때문에, 모든 시설을 돌아보며 시간을 보내기보다 '아와나 스카이웨이(Awana Skyway)' 탑승장 쪽의 시설을 이용하는 것을 추천한다. 이곳에는 실외 테마파크인 '겐팅 하이랜드 테마파크(Genting Highlands Theme Park)'와 실내 테마파크인 '스카이트로폴리스(Skytropolis Indoor Theme Park)'가 있는데, 실외 테마파크의 경우 난이도 높은 놀이기구가 많아서 초등학교 고학년부터 즐길 수 있다. 반면 실내 테마파크는 규모는 작지만 아이들이 좋아하는 놀이기구가 많아서 유아부터 초등학교 저학년까지 즐길 수 있다.

티켓은 현장에서 구매하는 것보다 클룩(Klook)에서 미리 구매하면 훨씬 저렴하다. 한 가지 주의할 점은 주요 놀이 시설들의 운영시간이다. 실외 테마파크는 오전 11시부터 오후 6시까지 운영되고, 실내 테마파크는 오후 2시부터 9시까지 운영되어 이용 시간이 다르기 때문에 여행 계획을 세울 때 참고해야 한다. 혹시 테마파크 이용 시간이 맞지 않다면 근처 영화관(Bona Cinemas), 키즈 카페(Jungle Gym), 볼링장(Genting Bowl)을 방문하는 것도 좋은 방법이다.

Ep. 16 도심에서 즐기는 역사와 자연, '국립 박물관'과 '페르다나 식물원'

겐팅 하이랜드에서 버스를 타고 KL 센트럴 역에 도착했다. 버스 안에서 주변을 검색하니 쇼핑몰 몇 개를 통과하면 '국립 박물관(National Museum of Malaysia)'이 나오고 박물관 옆에는 꽤 큰 규모의 식물원이 있는 것 같았다. 그래, 여기 가보자. 이번 여행 컨셉은 '즉흥'이다.

표를 끊고 국립 박물관에 들어가자 박물관에서만 느낄 수 있는 서늘하고 오래된 내음이 풍겨 왔다. 이곳에서는 말레이시아의 역사와 다양한 인종에 대한 전시를 관람할 수 있었는데, 1층에 전시된 석기, 청동기, 철기 시대의 유물이 교과서에서 보던 것과 너무 똑같아서 아이에게 시대별로 설명해 주기 좋았다. 또한 말레이시아의 다양한 인종과 그들의 문화에 대한 설명도 매우 흥미로웠다. 우리나라는 오랫동안 단일 민족이었기 때문에 아무리 여행을 다니며 견문을 넓힌다 해도 서로 다른 문화를 받아들이는 수용의 폭이 상대적으로 넓지 않다. 하지만 지금은 우리나라에도 많은 외국인들이 거주하고 있고 국제결혼을 통해 다문화 가족이 늘어나고 있다. 그렇기 때문에 열린 마음으로 상대를 바라볼 수 있는 태도를 어릴 때부터 가르쳐야 할 것이다. 이런 면에서 볼 때 다민족 국가인 말레이시아의 모습은 서로 다른 민족과 문화가 공존하면서 융화될 수 있다는 것을 보여줄 수 있는 좋은 예시가 될 것이다. 나중에 알고 보니 국립 박물관에서는 매주 토요일마다 한국어 가이드 투어가 진행된다고 한다. 기회가 되면 꼭 신청해서 모국어로 말레이시아의 역사와 유적에 대한 설명을 들어보고 싶었다.

박물관 별관에는 미술 전시도 있었는데 조상들이 사용했을 법한 오래된 물건들과 대형 조각품들이 조화를 이루며 하나의 예술품으로 만들어진 모습이 인상적이었다.

박물관 관람 후에 배가 고파서 내부에 있는 푸드 트럭에서 간식을 먹고 있는데 갑자기 비가 쏟아지기 시작했다. 1~2월의 말레이시아는 우기라서 거의 매일 비가 내리지만, 우리나라의 장마처럼 하루 종일 내리는 것이 아니라 스쳐 가는 열대성 스콜이 많아서 잠시 비를 피하고 있으면 거짓말처럼 맑아지곤 했었다. 이번에도 그럴 줄 알고 박물관 처마에 앉아 비가 멈추길 기다리는데 오늘따라 좀처럼 그칠 생각을 안 한다. 이렇게 시간을 허비할 순 없어서 바지를 걷어 올리고 우산을 쓰고 아이와 걷기 시작했다. 박물관 관리인이 알려준 대로 박물관 서문에서 이어진 작은 길을 따라가니 '페르다나 식물원(Perdana Botanical Garden)'으로 가는 터널이 보였다. 이 터널은 큰 도로를 건너지 않고도 식물원에 들어갈 수 있어서 매우 편리했고, 작은 굴다리로 들어갔다가 넓고 청량한 식물원이 펼쳐지는 과정이 마치 비밀의 화원에 들어가는 기분마저 들게 했다.

푸릇푸릇한 열대 식물이 비를 맞고 있는 모습을 보니 내 기분마저 상쾌했다. 우진이는 뭔가 신나는 기분이 들었는지 콧노래도 부르고 발걸음도 가벼워 보였다. 그렇게 한참을 걸어 식물원 안쪽으로 들어가니 '새 공원'과 '사슴 공원' 안내판이 나왔다. 모두 둘러보고 싶었지만 종료 시간까지 한 시간밖에 안 남아서 우리는 두 장소 중 하나를 선택해야 했다. 새 공원은 발리에서도 간 적이 있었기 때문에, 우리는 더 가깝고 입장료도 무료인 사슴 공원을 가기로 했다.

먼저 가파른 계단을 올라간 우진이가 총총거리며 사슴을 찾고 다녔지만 사슴은 어디에도 없었다. 비가 와서 사람이 없었기 때문에 물어볼 수도 없고 안내판도 모호했다. 한참 동안 사슴을 찾아 헤매던 우진이가 혹시 저기 웅크린 바위 같은 것들이 사슴이냐고 묻길래 돌아보니 저 아래 사슴 떼가 불쌍한 모습으로 옹기종기 모여 있었다. 일본의 사슴 공원에서 봤던 사슴들처럼 자유롭고 평화롭게 공원을 활보하며 풀을 먹고 있는 모습을 기대했는데, 마치 동물원에 잡혀 온 것처럼 영혼 없는 눈빛이어서 마음이 아팠다. 하필이면 비가 주룩주룩 오는 을씨년스러운 날씨여서 그들이 더 불쌍해 보였다.

사슴 공원을 보고 나니 비가 더 거세지고 바람도 불어서 몸이 으슬으슬 떨리기 시작했다. 게다가 겐팅 하이랜드부터 들고 다닌 1박의 짐이 무거워서 더 이상 식물원을 구경할 수가 없었다. 식물원에는 대형 놀이터가 두 개나 있었는데 얼핏 보기에도 규모가 크고 구조도 재미있어 보여서 비가 그치길 기다렸다가 우진이를 신나게 놀게 해줄 생각이었는데, 날씨가 추워져서 다음을 기약할 수밖에 없었다.

하지만 집으로 돌아가는 길도 쉽지 않았다. 몽키아라로 돌아가려고 그랩 택시를 불렀더니 식물원 내부에 차량이 들어올 수 없어서 입구까지 30분도 넘게 걸어야 했다. 아침부터 키즈 카페에서 놀고, 박물관을 관람하고, 식물원을 구경하느라 체력이 고갈된 상태였지만 달리 방법이 없었다. 우리는 서로 파이팅을 외치며 전우처럼 함께 걸었다. 식물원에 들어올 때는 신나고 흥분한 기분이어서 고단함도 못 느꼈는데, 지금은 배도 고프고 비에 젖은 몸도 무거워서 돌아가는 길이 유독 멀게만 느껴졌다. 퇴근 시간까지 겹쳐서 힘들게 택시를 잡아타고 돌아오는데 몽키아라에 사는 친구가 된장국과 삼겹살을 차려준다고 집으로 오라며 연락이 왔다. 고단한 하루를 보내고 친정에 가서 엄마가 차려준 밥을 먹는 느낌이랄까? 그 순간 친구가 정말 고향처럼 따뜻하게 느껴졌다.

　그날은 저녁까지 거센 비가 이어졌고 늦은 밤이 되자 천둥, 번개까지 몰아쳤다. 우리는 따뜻한 물에 샤워하고 침대에 누워서 손을 꼭 잡고 오늘 있었던 일을 얘기하며 매섭던 밤을 이겨냈다. 밖은 험했지만 안에는 한없이 포근했던 이런 밤의 추억, 서로의 살냄새에 위안을 얻었던 우리만의 추억을, 우진이가 할아버지가 되어서도 기억해 주길 바라 본다.

TIP!

도심 속의 자연, 페르다나 식물원 즐기기

쿠알라룸푸르 지도를 들여다보면, 몽키아라 지역과 KL 시티 지역의 중간 정도에 넓은 초록색 공간이 펼쳐져 있는데, 이곳이 바로 도심 속의 자연, '페르다나 식물원(Taman Botani Perdana)'이다. 이곳은 말레이시아에서 가장 깨끗하고 잘 보존된 식물원으로 유명하며, 레이크 가든(Lake Garden), 오아시스 가든(Oasis Garden), 선큰 가든(Sunken Garden), 허브/스파이스 가든(Herb & Spice Garden) 등 테마별로 조성해 놓은 공간들이 매우 인상적이다. 또한 산책로가 잘 조성되어 있어 아침, 저녁으로 많은 사람이 이곳을 찾아 조깅과 산책을 즐긴다.

어린이를 동반한 가족이라면 이곳의 멋진 놀이터들을 꼭 즐겨보도록 하자. 페르다나 식물원 내부에는 어린이를 위한 놀이터가 두 곳 있는데, 그중 'Fantasy Planet & Dinosaur Park'는 규모가 크고 복잡한 구조물이 많아서 아이들이 무척 좋아하는 곳이다. 다른 한 곳은 친환경적 소재인 대나무로 지어진 놀이터 'Bamboo Playhouse'인데 미로같이 복잡한 공간에서 자유롭게 뛰놀 수 있어서 인기가 많다.

페르다나 식물원에는 동물을 관람할 수 있는 공원이 세 곳 있는데, '사슴 공원(Deer Park)', '새 공원(KL Bird Park)', 그리고 '나비 공원(KL Butterfly Park)'이다. 그중에서 사슴 공원은 식물원 메인 산책로에서 가장 가깝고 입장료가 무료지만 공원보다는 '사슴 우리' 같은 느낌이 강해서 추천하고 싶지 않다.

새 공원은 규모가 크지 않아도 공원 내를 자유롭게 돌아다니는 공작과 여러 종류의 열대 조류를 관람하고 새들에게 먹이도 줄 수 있는 곳이다. 이곳에서는 하루에 2회 오전 10시 반, 오후 3시 반에 버드쇼를 관람할 수 있으니 시간에 맞춰 방문해 보도록 하자. 새 공원의 입장료는 어른 75링깃, 어린이 50링깃으로 규모에 비해 다소 비싼 편이다.

나비 공원은 페르다나 식물원의 동쪽 끝에 위치하고 있으며, 공원보다는 작은 정원 같은 느낌이다. 실내 공간에서 나비와 갖가지 곤충들이 날아다니는 것을 볼 수 있으며, 내부에 있는 곤충 박물관에서는 박제된 여러 종류의 나비와 곤충을 관람할 수 있다. 입장료는 어른 25링깃, 어린이 13링깃으로 저렴하지만 규모가 작고 실내 공간이 더워서 특별히 곤충을 좋아하는 사람이 아니라면 만족도가 높지 않은 편이다.

페르다나 식물원은 근처에는 '국립 박물관(Muzium Negara)'과 '국립 천문대(Planetarium Negara, 2023년 현재 휴업 중)', '이슬람 예술 박물관(Muzium Kesenian Islam Malaysia)'이 있으니, 같은 날에 함께 방문해서 알찬 일일 투어를 즐겨보도록 하자.

Ep. 17 네모반듯한 행정 수도, '푸트라자야'와 '팜인더시티'

  어느 한가한 주말 아침, 몽키아라에 사는 친구가 아이들을 데리고 동물원에 가자며 연락이 왔다. 듣던 중 반가운 소식에 얼른 몸을 일으켜 준비를 하고 나섰다. 친구가 지인에게 추천받았다는 곳은 몽키아라에서 약 30km 떨어진 곳에 위치한 '팜인더시티(Farm In The City)'라는 미니 동물원이었는데, 규모는 작지만 동물들에게 직접 먹이를 주고 체험할 수 있어서 아이들에게 인기가 많은 곳이었다. 게다가 인근에 행정수도인 '푸트라자야(Putrajaya)'가 있어서 예전부터 보고 싶었던 푸트라자야의 '핑크 모스크(Putra Mosque)'도 볼 수 있을 것 같아 기대가 됐다.

  우리는 몽키아라에서 친구의 차를 타고 팜인더시터로 향했다. 가는 길에 말레이시아 왕이 산다는 '국립 왕궁(Istata Negara)'이 도로에서 보였는데, 친구의 설명에 의하면 입헌군주제 국가인 말레이시아는 주마다 군주가 있고, 총 9개 주의 군주가 모여 5년마다 왕을 선출한다고 한다. 하지만 관례적으로 순번이 정해져 있어 각 군주가 돌아가면서 왕으로 선출되고, 왕은 '양 디페르투안 아공(Yang Di-Pertuan Agong)', 짧게 '아공'이라고 불린다고 한다. 현재 국왕은 파항 주에서 선출될 차례였는데, 선출 당시 파항 주의 군주가 90세에 가까운 노령이었기 때문에 그의 아들 '압둘라(Abdullah)'가 황급히 군주 자리를 물려받아 지금의 국왕이 되었다고 한다.

왕궁은 멀리서 봐도 반짝반짝 빛날 정도로 화려한 금색 지붕을 가지고 있었는데 그 모양이 이슬람 양식이라서 사원처럼 보이기도 했다. 왕궁은 국왕의 생일을 제외한 날에는 일반인 출입이 통제되고 관광객들은 외부에서 경호원 교대식과 아름다운 정원을 관람할 수 있다고 한다. 왕이 왕궁에 머무는 동안에는 금빛 지붕 위에 노란 깃발이 걸린다고 하는데 깃발이 없는 걸 보니 오늘은 이곳에 안 계신 모양이었다.

우리는 약 40분을 달려 팜인더시티에 도착했다. 이곳은 생각보다 아담한 규모의 사설 동물원이었는데, 도시에서 가까운 체험형 동물원이라서 생각보다 사람들이 많았다. 게다가 주말이었음에도 단체 견학을 온 중국인 학생 그룹이 입장하는 바람에 동선이 겹치지 않게 기다려 가며 이동해야 했다. 하지만 아이들은 동물원 내를 자유롭게 활보하는 오리와 새들을 보며 좋아했고, 쉽게 볼 수 없었던 육지 거북을 바로 옆에서 만져보고 먹이를 주며 관찰할 수 있어서 무척 즐거워했다. 특히 육지 거북의 알이 특수 설계된 유리관 속에서 부화하는 것을 지켜볼 수 있었는데, 아주 천천히 딱딱한 껍데기를 깨고 나오는 새끼 거북의 힘겨운 사투를 보며 아이들은 마치 엄마 거북이 된 것처럼 힘차게 응원을 했다.

 이곳에서는 시간대별로 동물 체험이 진행되었는데, 안내방송이 나올 때 지정된 장소로 가면 사육사와 함께 동물들을 직접 만지거나 가까이에서 관찰하는 체험을 할 수 있었다. 특히 흔히 볼 수 없는 열대 지역의 새와 같이 사진을 찍거나 커다란 파충류를 직접 몸에 올려 보는 체험이 아이들에게 인기가 많았다. 마지막으로 인공 연못에서 아이들이 뜰채로 물고기를 잡는 체험이 있었는데, 송사리가 얼마나 빠른지 아무도 성공하지 못했지만 끈질기게 한 마리라도 잡으려고 노력하는 동안 어른들은 그 옆 스낵 코너에서 한숨 돌리며 쉴 수 있어서 좋았다. 양과 염소가 사는 목장은 관리가 잘 안되어서 냄새가 났고, 라마에게 풀을 주는 체험은 동물들이 너무 무섭게 따라다녀서 포기했지만 아이들은 만족스러운 표정이었다.

 반나절을 예상했던 팜인더시티 관람이 두 시간도 안 되어 끝이 나자 우리는 이곳에서 가까운 푸트라자야로 향했다. 푸트라자야는 우리나라의 세종시에 해당하는 행정수도로 쿠알라룸푸르에서 25km 떨어진 곳에 위치하고 있다. 우리나라의 세종시를 행정수도로 계획할 때 이곳을 방문해서 참고했다고 한다. 계획도시라서 그런지 푸트라자야로 들어서자마자 길은 네모반듯하고 거리는 깨끗했고, 웅장함을 뽐내는 멋진 건물들 사이로 잘 정비된 정원들이 펼쳐졌다.

우리는 푸트라자야를 한 바퀴 돌고 나서 이곳의 상징인 푸트라자야 호수와 도심 속의 공원인 '페르다나 푸트라(Taman Putra Perdana)'를 구경했다. 특히 호수 반대편에 보이는 이슬람 사원, '푸트라 모스크(Putra Mosque)'가 그림처럼 아름다웠는데, 정교한 건물 디자인과 핑크색의 조화가 여심을 흔들기에 충분했다. 이곳에 들어가서 구석구석 둘러보고 싶은 마음이 간절했지만 아이들은 관광이 피곤했는지 칭얼칭얼 다투기 시작했다. 피곤한 상전들을 모시고 관광하느니 차라리 편안한 마음으로 집에 가자고 합의를 보고, 멀리에서나마 핑크 모스크를 배경으로 사진을 찍고 다시 몽키아라로 향했다.

집에 가는 길에 아이들은 5분도 채 되지 않아 잠이 들었다. 이렇게 자고 싶어서 칭얼거렸구나. 집에 돌아가는 길에는 무서울 정도로 폭우가 쏟아졌지만 그 거센 비바람 속에서도 아이들은 깨지 않고 쌔근쌔근 잠을 잤다. 평소엔 다 큰 초등학생 형, 누나 같지만 이렇게 세상모르고 자는 모습을 보면 아직도 내 품의 어린아이인 것 같다. 🖋

TIP!

푸트라자야 가는 방법과 출길 거리 소개

말레이시아의 수도는 쿠알라룸푸르지만 2010년 정부 부처가 계획도시인 '푸트라자야(Putrajaya)'로 옮겨지면서 현재는 푸트라자야가 행정수도 기능을 담당하고 있다. 푸트라자야는 쿠알라룸푸르에서 25km 떨어진 곳에 위치하며 몽키아라에서는 약 40분 정도가 소요된다.

대중교통을 이용하여 푸트라자야에 가는 방법으로는 버스와 철도가 있다. 버스의 경우 차이나타운 근처 버스터미널에서 E1을 타고 푸트라자야 센트럴 종점역에서 하차하면 된다. 핑크 모스크로 가는 경우에는 푸트라자야 센트럴 종점역에서 다시 J08 번 버스로 갈아타고 핑크모스크 정류장까지 가면 된다. 철도를 이용하는 경우에는 KL센트럴역에서 공항철도인 KLIA Transit을 타고 푸트라자야 센트럴역까지 갈 수 있다. 하지만 요즘은 새로 신설된 MRT '푸트라자야 라인'을 타고 푸트라자야까지 가는 경우가 많다. 신설된 라인이어서 매우 깨끗하고 푸트라자야 센트럴역까지 한 번에 갈 수 있어 매우 편리하다. 그리고 종점역인 푸트라자야 센트럴역은 KLIA 공항철도로 환승도 가능하기 때문에 귀국일에 푸르타자야를 둘러보고 바로 공항으로 갈 수도 있을 것이다.

푸트라자야에는 대표적인 이슬람 사원이 두 곳 있는데, 하나는 '핑크 모스크'라는 별명을 가진 **푸트라 모스크(Putra Mosque)**'이고, 다른 곳은 '아이언 모스크'라고 불리는 '투안쿠 미잔 자이날 아비딘 모스크(Masjid Tuanku Mizan Zainal Abidin Mosque)'이다. 이 두 곳 모두 모스크에 알맞은 복장을 해야 입장할 수 있으며, 만약 반바지를 입었거나 여성의 경우 머리에 두르는 스카프가 없다면 입구에서 가운을 빌려 주기도 한다. 핑크 모스크는 화려하고 정교한 양식으로 SNS에서 핫플레이스로 알려져 언제 방문해도 사람이 많은 편이다. 반면 아이언 모스크는 남성적이고 모던한 분위기의 사원으로 핑크모스크에 비해 비교적 사람이 적고 기도하는 곳이 물에 둘러싸여 있어서 신비스러운 분위기를 느낄 수 있다.

이슬람 사원을 구경하고 행정수도의 위엄을 볼 수 있는 '푸트라 광장(Putra Square)'과 도심 속의 공원 '페르나다 푸트라(Taman Putra Perdana)'를 구경할 수도 있고, 더위에 지쳤다면 말레이시아 최대 쇼핑몰인 '101 시티몰'을 방문할 수도 있다. 또한 시간이 여유롭다면 인공 호수에서 유람선(Cruise Boat)을 타고 도시를 감상하는 코스를 추천한다. 유람선은 오전 10시부터 오후 7시까지 운영되며 푸트라 광장에서 계단으로 이어진 선착장에서 탈 수 있다.

EP. 18 쿠알라룸푸르의 밤은
낮보다 아름답다

도시마다 저마다의 특색이 있고 여행자마다 개인의 취향이 있지만 동서고금을 막론하고 어느 도시든지 여행자들이 꼭 방문하는 장소가 있다. 바로 그 도시를 한눈에 바라볼 수 있는 '높은 곳'이다. 높은 곳은 그 도시가 한눈에 들어오는 좋은 전망을 가지고 있고, 조금 전까지 구석구석 누비고 다녔던 곳을 발밑에서 바라보고 있으면 마치 그 도시를 마스터한 것 같은 뿌듯함과 실컷 즐겼다는 만족스러움이 함께 밀려온다. 여행지에 호불호와 개인차는 있어도 전망을 볼 수 있는 곳만큼은 모두를 만족시킬 수 있는 보편적인 낭만이 존재하는 것 같다. 그래서 '전망'이야말로 우리가 여행지에서 즐길 수 있는 가장 큰 기쁨이자 하이라이트가 아닐까 생각한다.

나 역시 전망이 좋은 곳에 방문하는 것을 좋아하는데, 갑자기 그 도시가 한눈에 들어오는 멋진 전망이 펼쳐질 때 나도 모르게 'Wow'라는 감탄사가 튀어나오는 그 순간을 좋아하기 때문이다. 그래서 홍콩에서는 '빅토리아 피크(Victoria Peak)'에, 두바이에서는 '부르즈 할리파(Burj Khalifa) 전망대'에, 피렌체에서는 '미켈란젤로 언덕(Piazzale Michelangelo)'에 기를 쓰고 올라가는 것이다. 어떤 관광지는 시간이 지나면서 기억이 잘 나지 않는 경우가 많은데 전망을 바라보던 순간만큼은 모두 머릿속에 한 자리씩 차지하고 있으니 이것이 바로 높은 곳이 가지고 있는 힘인가 보다.

나는 예전에 페트로나스 타워 전망대에 올라가 도시의 전망을 구경한 적이 있다. 20대에 혼자 쿠알라룸푸르에 갔을 때였는데, 전망대에 올라서 니 이 도시가 너무 번화해서 놀라기도 했고, 86층이나 되는 높이에서 바라보는 모습이 아찔하기도 해서 모든 사진마다 표정이 굳어 있었던 기억이 난다. 하지만 페트로나스 타워 전망대에서는 이 도시에서 가장 아름다운 전망, 바로 '페트로나스 타워'를 볼 수 없었기 때문에 아쉬움이 있었다. 그래서 이번에 아이와 함께 온 여행에서는 'KL 타워(KL Tower)'에 가서 페트로나스 타워를 바라보는 전망을 즐겨보기로 했다.

우리는 몽키아라에서 택시를 타고 도심으로 향했다. 야경을 관람할 수 있는 저녁 시간에 맞춰 KL 타워에 가고 싶어서, 우선 한낮 더위를 피하고자 'KL 시티갤러리(Kuala Lumpur City Gallery)'를 방문했다. KL 시티갤러리는 쿠알라룸푸르의 역사와 도시의 주요 건축물에 대해 알 수 있는 곳으로, 여행자들에게는 갤러리 입구에 세워진 빨간색 'I Love KL' 조형물로 더 유명해진 곳이다. KL 시티갤러리 입구로 들어가니 1층에는 쿠알라룸푸르의 역사를 설명해 주는 자료들이 전시되어 있었다. 양쪽 벽면에는

이 도시의 옛 사진들이 진열되어 있었는데 마치 우리나라 조선 후기의
사진을 보는 것처럼 옛집과 옛사람들의 모습을 볼 수 있어 흥미로웠다.
전시실 중앙에는 '자멕 이슬람 사원(Masjid Jamek)' 모형이 전시되어 있
었는데 모형으로만 봐도 그 어마어마한 규모가 느껴졌다. 그런데 전시를
관람하는 내내 우리를 유혹하던 것이 있었는데, 바로 1층 전시실 옆 레스
토랑에서 풍겨오는 향기로운 빵 냄새였다. 이곳에는 갤러리를 관람하는
사람보다 레스토랑에서 식사를 하는 사람들이 훨씬 많았는데, 나중에 알
고 보니 여기가 나름 맛집으로 소문이 난 곳이라고 한다.

2층으로 올라가니 더 많은 전시물을 볼 수 있었다. 특히 내가 가장 흥미
롭게 본 것은 쿠알라룸푸르의 옛 생활상을 담은 모습이었고, 우진이가 가
장 좋아하던 전시물은 어두운 공간에 이 도시 전체 풍경을 미니어처로 제
작해 놓은 것이었다. 놀라운 것은 우리가 봤던 상징적인 건축물 외에 공
원, 골프장, 아파트 등 모든 건물을 미니어처로 제작했다는 것이었다. 그
리고 반사(Reflection) 구조로 만들어진 유명 건축물의 모형도 매우 흥미
로웠다.

밖으로 나오자 메르데카 광장으로 이어지는 입구가 보였다. 메르데카 광장은 영국 국기를 철거하고 말레이시아 국기를 게양한 역사적인 장소 이기 때문에 수많은 사람이 모여 사진을 찍고 있었고 마치 근위병처럼 보 이는 사람들이 말을 타고 입구를 지키고 있었다.

그 옆에는 고풍스러운 유럽 스타일의 분수대가 있었는데 이것은 1897년 에 영국의 빅토리아 여왕이 하사한 것이라고 했다. 우리나라로 예를 들 자면 독립 기념문 옆에 일제 천황이 하사한 조형물이 옆에 있는 셈이라 서 조금 의아했다. 말레이시아는 18세기부터 영국 식민 통치가 시작되어 1957년 독립을 할 때까지 약 130년의 세월 동안 식민 지배를 받았으니 설움의 세월이 단단히 쌓였을 것 같은데 우리와는 다소 다른 모습이었다. 그뿐만 아니라 200년 넘게 영국의 지배를 받았던 인도와 함께 '영연방 (Commonwealth of Nations, 옛날에 영국의 식민지였던 국가로 구성된 국제기구)' 회원국으로도 활동하고 있으니 우리네 정서로는 이해할 수 있 는 부분이 한둘이 아니었지만.... 그 의문점을 뒤로하고 우리는 해가 지기 전에 서둘러 오늘의 목적지인 KL 타워로 향했다.

KL 타워에 도착하자 해가 뉘엿뉘엿 지고 있었다. 우리는 완벽한 야경을 즐기기 위해 KL 타워 아래의 '미니 동물원(KL Tower Mini Zoo)'에서 시간을 더 보내고 올라가기로 했다. 우리는 지난번에 '팜인더시티'를 방문했을 때 받았던 미니 동물원 동반자 무료 쿠폰을 사용하여 저렴하게 입장할 수 있었다. 비록 큰돈은 아니지만 알차게 챙겼다는 생각에 기분이 좋아지는 걸 보니 뼛속까지 아줌마임이 틀림없다.

미니 동물원 내부로 입장하니 처음에는 여기가 맞나 의심이 될 정도로 좁은 공간이었다. 하지만 문을 열고 다음 공간으로 이동하니 길고 꼬불꼬불한 동선마다 여러 가지 체험을 할 수 있는 작은 공간들이 펼쳐졌다. 자투리 공간을 최대한으로 활용한 아이디어에 감탄이 나올 정도였다. 동물 먹이주기 체험, 손에 올려 놓고 사진 찍기 체험 등은 다른 동물원에서도 실컷 즐겼기 때문에 나는 이제 이런 종류의 체험형 동물원이 지겨울 정도였는데 우진이는 마치 처음 이런 곳에 와본 아이처럼 좋아한다.

생각해 보면 모든 장소와 놀잇감도 마찬가지인 것 같다. 나는 우진이가 지겨울까 봐 자꾸 새로운 곳에 데려가고 새로운 놀잇감을 사주곤 하는데, 아이들은 똑같은 것도 새로운 눈으로 볼 수 있는 특별함이 있어서 매일 가는 놀이터도, 매일 가지고 노는 장난감도 마냥 새로운가 보다. 어쩌면 질리고 지치는 마음은 어른들만의 감정일지도 모른다.

미니 동물원에서의 짧은 관람을 마치고 나오니 벌써 어둠이 내렸다. 우리는 금강산도 식후경의 정신으로 매표소 앞 피자 가게에서 말레이시아에서 먹은 음식 중 가장 맛없는 피자를 먹고, 고속 엘리베이터를 타고 KL 타워의 '스카이데크(Skydeck) 전망대'까지 올라갔다.

421m 높이의 야외 전망대에 올라가자마자 우진이가 아름다운 쿠알라룸푸르의 야경에 감탄을 쏟아냈다. '엄마!! 진짜 멋져요! 저 쌍둥이 타워 (페트로나스 타워) 좀 봐요! 진짜 엄청난데요!!' 아이가 좋아하는 모습을 보자 뿌듯함에 어깨가 으쓱해졌다. 그래, 이 맛에 전망대에 오르는 거지!

저 멀리에서도 엄청난 존재감의 과시하는 페트로나스 타워를 중심으로 온 도시가 아름다운 빛을 뿜어내고 있었다. 우리는 보통 여행에서 웅장한 자연의 모습에 감동하곤 하는데, 자연이 아닌 도시에서 사람을 감동시킬 수 있는 유일한 것이 '야경'이 아닐까 생각해 본다.

우리는 일단 360도 유리 큐브에서 사진을 찍을 수 있는 '스카이박스 (Skybox)'의 대기표를 받고 쿠알라룸푸르의 야경을 마음껏 눈에 담았다. 사진은 그 낭만을 담아내지 못했다. 아이의 작은 손을 잡고 보는 야경은 남녀 간의 낭만은 아니었지만 그 이상의 따스함이 있었다.

30분 정도 기다려 스카이박스에 들어갈 수 있는 차례가 되었다. 하지만 막상 바닥까지 유리로 된 스카이 박스에 들어가려니 한발 한발 내딛을수록 긴장이 되고 손발에서 땀이 났다. 이 높은 곳에서 떨어지면 어떻게 되려나 생각하니 정신이 아찔했다. 내 맘을 아는지 모르는지 우진이는 그

저 신나서 내 손을 잡아당겼다. 다른 사람들은 서로 사진을 찍어 주는데 우리는 둘뿐이고 나는 정신이 혼미한 상태라서 스카이 박스 담당 사진 기사가 DSLR 카메라로 우리를 찍어줬다.

스카이박스 촬영이 끝나고 나가자 반대쪽 전망을 볼 수 있는 스카이박스가 하나 더 나왔다. 이곳은 사진 기사가 따로 없고 차례대로 들어가서 자유롭게 사진을 찍는 구조였다. 이번에는 보안 직원에게 핸드폰으로 사진 좀 찍어달라고 부탁했더니 '저는 사진 찍는 사람이 아니에요!'라는 표정으로 노려보더니 둘이 왔냐고 물어본다. 사실 아빠 없이 아이와 둘이 여행을 하는 가족이 해외에서는 보기 드물기 때문에 싱글맘으로 오해를 받는 경우가 종종 있었다. 그러든지 말든지 이제는 설명해 주는 게 더 번거롭다. 다행히 둘이 온 우리에게 연민을 느꼈는지 '나는 보통 이런 걸 해 주지 않는다'라는 말을 덧붙이며 정말 성의껏 사진을 찍어 주셨다.

츤데레 보안 직원에게 감사 인사를 전하고 밖으로 나오니 부스에서 사진 기사가 찍어준 스카이박스 사진을 판매하고 있었다. 사진 파일도 같이 준다길래 솔깃해서 가격을 물어보니 사진 3장과 이미지 파일 전체를 175링깃에 준다고 했다. 사실 내가 필요한 건 이미지 파일뿐인데 가격이 너무 센 거 같아서 포기하고 1층으로 내려오니 사진을 판매하는 부스가 또 있다. 혹시 가격이 다를까 해서 물어보니 여기에서는 사진 2장과 이미지 파일을 125링깃에 주겠다고 제안한다. 노노, 그것도 비싸다. 이번엔 내가 먼저 사진 1장과 이미지 파일을 50링깃에 줄 수 있냐고 묻자 생각지도 못하게 45링깃에 주겠다며 더 낮은 가격을 제안한다. 네고 인생 20년에 이런 경우는 또 처음이라 뭔가 횡재한 기분이 들었다. 내 표정을 보고 사진 부스 직원이 '내가 오늘 널 행복하게 만들었구나!'라고 말하며 씽긋 웃어 보인다. 5링깃으로 사람을 이렇게 기분 좋게 해줄 수 있는 순간이 얼마나 있을까, 팁으로 50링깃이라도 주고 싶은 마음이었다.

숙소에 돌아와 구입한 사진을 자세히 보니 나와 우진이 표정도 안 좋고 이미지 파일 크기도 작아서 화질이 좋지 않다. 차라리 츤데레 보안 직원이 찍어준 사진이 여러모로 더 훌륭했다. 하지만 우리 마음속의 최애 순간은 스카이박스를 기다리며 벤치에 앉아서 노래를 부르며 야경을 보던 그 순간이었다. 바람은 시원했고 야경은 부드러웠다. 우리가 여기에 왔다는 걸 기억하자면서 두 손을 포개던 그 따스함이 우리가 기억하는 최고의 순간이었다. 사진으로는 절대 담을 수 없는 너와 나의 소중한 순간이었다. 🍃

TIP!

쿠알라룸푸르 전망 백배 즐기기

쿠알라룸푸르의 전망을 즐길 수 있는 대표적인 명소는 '**페트로나스 타워 전망대**'와 '**KL 타워 전망대**'이다. 페트로나스 타워는 말레이시아의 대표적인 랜드마크 건축물로 웅장한 두 개의 타워가 58미터의 스카이브릿지로 연결되어 있다. 매표소에서 표를 구매하고 입장하면 41층으로 올라가 '스카이브릿지(Sky Bridge)'를 걸은 뒤, 고속 엘리베이터를 이용해 86층 전망대까지 올라가서 고배율 망원경을 통해 쿠알라룸프르의 도시 전망을 감상하는 순서로 관람이 진행된다. 입장료는 어른 98링깃, 어린이 50링깃이며 예약이 일찍 마감되는 경우가 많으니 꼭 홈페이지를 통해 사전 예약을 하고 방문하도록 하자. 그리고 이슬람교에서 중요시하는 라마단 기간에는 오후 5시까지만 운영되어 야경을 볼 수 없으니 여행 일정에 참고하도록 하자.

한편, KL 타워 전망대의 가장 큰 장점은 페트로나스 타워 전망을 감상할 수 있다는 점이다. KL 타워에서는 275m에 위치한 실내 전망대와 421m에 위치한 야외 전망대 스카이데크를 선택할 수 있다. 물론 스카이데크 입장료가 더 비싸지만 그만한 가치가 있다. 특히 시원한 바람을 맞으며 탁 트인 공간에서 쿠알라룸푸르의 야경을 감상하는 경험은 이 도시에서 잊을 수 없는 추억을 만들어 줄 것이다. 엘리베이터를 타고 스카이데크가 있는 곳으로 올라가면 스카이박스 대기 순번 종이를 받을 수 있다. 사람이 많을 때는 한 시간 이상 기다려야 하지만 줄을 서지 않고 자유롭게 전망대를 구경하다가 내 순서를 부를 때 가면 되기 때문에 한 시간이 지루하지 않다. 스카이박스에서는 각각 다른 전망을 가진 2개의 박스를 순차적으로 이동하며 사진을 촬영하는데, 1번 박스에서는 전문 사진 기사가 DSLR로 사진을 찍어 주고 나중에 사진 부스에서 인화본과 이미지 파일을 판매한다. 2번 박스에서는 자유롭게 촬영을 할 수 있어서 내 뒤에서 순번을 기다리는 그룹과 서로 찍어주며 사진을 남길 수도 있다. 관광객이 많은 시즌에는 박스 1과 2중 하나를 선택해서 입장하기도 한다. 실내 전망대의 입장료는 어른 60링깃, 어린이 40링깃이며, 스카이데크(스카이박스 포함)는 어른 110링깃, 어린이 65링깃이다.

단순히 전망만 바라보는 것 외에 더 특별한 경험을 원한다면 안전 장비를 착용하고 KL 타워 위를 걷는 '타워워크 100(Tower Walk 100)'에 도전해 보자. 이 액티비티는 체중 34kg 이상, 신장 120cm 이상이어야 참여할 수 있고, 안전 장비 착용과 브리핑 시간을 포함하여 약 40분 동안 진행된다.
또한 282m에 위치한 'Atmosphere 360 레스토랑'에서 뷔페를 먹으며 더욱 낭만적인 야경을 감상할 수도 있을 것이다. 360도로 회전하는 이 레스토랑은 쿠알라룸푸르의 다양한 뷰를 감상할 수 있고 음식도 맛있어서 늘 인기가 많은 곳이니 반드시 사전에 예약하고 방문해야 한다.

유명한 전망대를 방문하는 것도 의미가 있지만 관광객이 적은 장소에서 유유자적하게 전망을 감상하고 싶다면 '반얀트리 루프탑바 버티고(Vertigo)'에 방문해 보자. DJ의 턴테이블 음악과 함께 시원한 바람, 칵테일 한 잔을 마시며 야경을 바라보면 한 달 살이의 고단함이 녹아내릴 것이다. 아이를 데리고도 방문할 수 있으나 떠들거나 돌아다니지 않도록 각별한 주의가 필요하다.

또한 그랜드 하얏트 호텔 39층에 위치한 'THIRTY8'에서 평일 오후 12시부터 5시까지 애프터눈티를 즐길 수 있는데, 2인 세트가 130링깃으로 쿠알라룸푸르의 아름다운 전망과 예쁜 음식을 함께 즐길 수 있어서 인기가 많다.

전망이 좋기로 유명한 '트레이더스 호텔(Traders Hotel)'의 야경도 빼놓을 수 없다. 트레이더스 호텔 33층에 위치한 '스카이바(Skybar)'는 수영장을 중심으로 소파와 테이블이 주위에 배치되어 있고, 저녁 7시까지는 투숙객들이 자유롭게 수영을 즐기는 공간으로 활용되지만 7시 이후에는 클럽 분위기로 변한다. 특히 수요일은 여자들에게 칵테일을 무료로 제공하는 'Lady's Day'라서 수많은 클러버가 몰려든다. 아이를 데리고 가기엔 적합하지 않으나 어른들만의 시간이 가능하다면 꼭 한번 방문해 보도록 하자.

EP.19 문화의 용광로, 쿠알라룸푸르 구석구석 즐기기

　이번 한 달 살기에서 한인 타운인 몽키아라에서 지내기로 결정하면서 가장 아쉬웠던 점은 시티 라이프를 즐길 수 없다는 점이었다. 사실 몽키아라에서의 생활은 편리하고 안정적이지만 스카이라인을 바라보며 공원을 산책하고 시간 날 때마다 시내 곳곳을 둘러보는 도시 생활의 낭만이 별로 없어서 아쉬웠다. 그래서 하루 정도는 이 도시의 중심을 온전히 즐길 수 있도록 시내 구석구석을 돌아다니기로 했다.

　이번에는 몽키아라에서 만난 동갑내기 Y의 가족과 동행하기로 했다. Y는 아이 둘을 데리고 씩씩하게 쿠알라룸푸르 구석구석을 누비고 다니는 당차고 실행력이 좋은 대구 여자였는데, 근교 여행을 갈 때마다 여행사에서 가장 좋은 가격을 받아내고, 아이들이 수영을 배우고 싶다고 하자 어디선가 실력 좋은 현지인 선생님을 모셔 오고, 현지인에게만 저렴하게 파는 마사지샵의 프로모션을 알아내서 육아에 지친 엄마들에게 달콤한 휴식 시간을 선사하기도 했다.

　한번은 Y와 아이들을 데리고 KLCC 수리야 몰에서 만나 분수 쇼를 보기로 약속을 했는데 조금 전까지 연락을 주고받았던 Y에게 갑자기 연락이 닿질 않았다. 늘 답변이 빨랐던 그녀에게 연락이 없자 분명 무슨 일이 생긴 것 같은 느낌이 들었다. 아니나 다를까, Y는 아이들과 KL 타워를 관광하다가 핸드폰을 떨어뜨려 액정이 부서졌다고 한다. 핸드폰으로 모든 것

192

을 처리하는 세상에서 핸드폰을 쓸 수 없으니, 지인에게 연락도 못 하고 그랩 택시도 부르지 못했던 것이다. 엄마만 바라보고 있는 토끼 같은 아이 둘을 데리고 이런 일이 일어났으니 얼마나 끔찍했을까. 만약 나였더라면 일단 숙소로 돌아가는 방법부터 고민했을 것 같다. 하지만 똑똑한 Y는 당황하지 않고 근처 핸드폰 판매점에 들어가 저렴한 핸드폰을 구매하고 다시 그랩과 카톡을 세팅해서 나머지 일정을 차질 없이 진행했다.

사실 아이와 해외 한 달 살기를 하는 엄마들은 모두 비범하다. 아무리 요즘 아이와 해외에서 한 달 살기가 유행이라고 해도 실제로 아이만 데리고 해외 살이를 실행하는 사람들은 주변에서 쉽게 찾아볼 수 없었는데, 그런 대담하고 실행력 있는 엄마들만 모였으니 이곳에서 만난 이웃들은 모두 비범하다고 말할 수 있다. 일상에서 벗어나 이런 특별한 시간을 갖는 것에는 큰 용기가 필요하기 때문이다. 남편 도움 없이 아이들을 온전히 케어할 수 있는 체력, 낯선 곳에서 아이들의 교육과 생활을 세팅할 수 있는 능력, 말이 통하지 않아도 내 아이가 억울한 일을 당하지 않도록 싸울 수 있는 담력이 있는 여자들이다. 나는 지난 발리 두 달 살이에서도 아이와 단둘이 여행하는 많은 엄마를 만났는데 이들은 모두 씩씩하고 유쾌하고 놀라웠다. 그래서인지 해외에서 만나는 인연들은 짧은 순간이지만 더 강렬하고 인상 깊은 것 같다.

우리는 Y 가족과 함께 그랩을 타고 '페탈링 스트리트(Petaling Street)'로 이동했다. 페탈링 스트리트는 문화의 용광로인 쿠알라룸푸르의 진면목을 볼 수 있는 곳으로 그 중심에 차이나타운이 있다. 우선 아이들 배를 든든히 채워 놓아야 안심이 되니 차이나타운 입구에 있는 중국 식당에 들러

193

고기 국수를 주문했다. 뱃속이 중국 음식으로 가득 차니 진짜 중국에 온 기분이 들었다. 나는 예전에 중국에서 3년 정도 일한 적이 있었는데, 사실 그때가 인생에서 가장 정신적으로 힘든 시기였다. 그때 나에게 가장 위로가 되는 순간은 멘탈이 털려서 퇴근하는 길에 만나는 일상적인 풍경이었다. 양손 가득 저녁거리를 사서 집으로 향하는 구수한 발걸음들, 모락모락 연기가 나는 길거리 음식들과 가게 앞에서 마작을 두는 근심 없는 표정의 할아버지들, 잠옷 차림으로 공원에서 체조를 하는 아주머니들과 엉덩이가 뚫린 바지를 입고 아장아장 걸어가는 아가들... 그런 일상적인 풍경에 마음이 따뜻해지면서 위안을 얻곤 했었다. 그래서인지 나에게 있어 차이나타운은 시끄럽고 복잡한 동네가 아닌 추억을 상기시키는 장소였고, 어느 도시를 가든지 차이나타운은 꼭 방문하게 되었다.

하지만 쿠알라룸푸르의 차이나타운은 뭔가 달랐다. 중국인들이 생활하는 곳이 아닌 관광객들을 위한 장소 같았고, 중국인 상인들과 각국에서 모여든 여행자들만 존재하는 관광지, 그 자체였다. 오히려 반딧불이 투어를 위해 방문한 쿠알라 셀랑고르의 중국인 마을이나, 몽키아라 가는 길에 길을 잃어 가게 된 중국인 주택가가 더욱 중국 느낌이 났다. 나중에 알고 보니 큰길에는 관광객을 위한 짝퉁 가게가 있고, 골목길에는 음식 재료와 온갖 생필품을 파는 재래 시장이 숨겨져 있어 실제 화교들이 많이 찾는 다고 한다. 또한 저녁에 오면 다양한 먹거리를 맛볼 수 있는 야시장으로 바뀐다고 하니 나중에 저녁에 한 번 더 방문하겠다고 마음먹었다.

우리는 차이나타운에서 나와 사원을 둘러보기로 했다. 이곳은 '문화의 용광로'답게 여러 종교의 사원이 공존하고 있었는데, 우리는 먼저 힌두교 사원인 '스리 마리아만 사원(Kuil Sri Maha Mariamman)'을 방문했다. 입 구에서 다리를 가릴 수 있는 스카프를 빌려 입고 안으로 입장하자 화려한 외관과는 달리 사원의 내부는 생각보다 단출하고 경건했다. 그곳에서 인 도 사람들이 사제와 함께 종교의식을 치르는 모습을 보았는데 제물을 바 치고 꽃을 뿌리는 힌두교의 종교의식이 생소하고도 신기했다. 매년 2월에 개최되는 힌두교의 축제 타이푸삼 기간에는 이곳에서 바투 동굴까지 퍼 레이드가 펼쳐진다고 하니 그 모습이 정말 장관일 것 같았다.

힌두교 사원에서 몇 걸음 떨어져 있는 곳에는 도교 사원인 '관제묘 (Guandi Temple)'가 있었는데 새해를 맞아 많은 중국인이 이곳을 찾아 향을 피우며 복을 빌고 있었다. 온통 붉은색으로 장식된 사원에서 관우 상을 앞에 두고 향을 피우고 있는 모습을 보니 정말 중국에 온 기분이었 다. 그리고 조금 더 들어가면 불교 사원인 '신스시야 사원(Sin Sze Si Ya Temple)'이 나온다고 하는데 그곳에 직접 들어가진 못했지만 쿠알라룸푸 르가 '문화의 용광로'라고 불리는 이유를 이해할 수 있을 것 같았다.

서로 다른 문화가 공존하면서도 융화되는 이곳, 서로의 다름을 인정하 면서 함께 지낼 수 있는 이 도시를 가장 잘 보여주는 모습이 바로 페탈링 스트리트인 것 같았다.

　우리는 그 이후로도 센트럴 마켓을 지나 '자멕 이슬람 사원(Masjid Jamek)'으로 가는 동안 골목 구석구석을 둘러보고 재미있는 사진도 찍으며 쿠알라룸푸르의 멋을 온몸으로 느꼈다. 어두운 식당 뒷골목에 그려진 감각적인 그래피티 아트, 차이나타운 앞에서 인도식 난을 파는 할머니, 고풍스러운 레스토랑과 모던한 카페, 오래된 건물 사이로 보이는 동남아 최고층 빌딩 '와리산 메르데카(Warisan Merdeka)'의 전위적인 모습, 이런 이질적인 모습을 함께 품고 있는 문화의 용광로가 바로 쿠알라룸푸르라는 것을 실감할 수 있었다. 우리가 해외 살이를 통해 아이에게 주고 싶은 최고의 선물은 영어가 아닌, 서로 다른 것들을 존중하며 함께 어우러지는 이런 모습이 아닐까 생각해 본다.

TIP!

차이나타운부터 리틀인디아까지, 도보로 즐기는 문화 체험

페탈링 스트리트는 센트럴 마켓(Central Market) 동편부터 차이나타운
(또는 페탈링 야시장)을 관통하여 콰이차이홍(Kwai Chai Hong)까지 이
르는 일대를 지칭하며, 북쪽으로 강을 따라 올라가면 자멕 이슬람 사원
(Masjid Jamek)까지 이어져서 도보로 쿠알라룸푸르의 구석구석을 둘러보
고 싶은 여행자들에게 알맞은 코스이다. 그리고 걸어서 이동하는 동안 다
양한 인종과 문화, 종교까지도 살펴볼 수 있으니 이보다 완벽하게 쿠알라
룸푸르를 느낄 수 있는 코스는 없을 것이다.

우선 '페탈링 야시장'이라고 불리는 차이나타운을 방문해 보도록 하자.
이 인근은 화교 자본에 의해 형성된 곳으로, 주변의 건물들은 모두 1870년
대 신고전주의 양식으로 지어졌다고 한다. 페탈링 야시장에서는 낮에 관
광객들을 대상으로 주로 짝퉁 물건을 주로 팔고, 저녁에는 다양한 길거리
음식들을 팔고 있다. 하지만 위생이 철저하진 않아서 아이와 길거리 음
식을 먹는 것은 추천하고 싶지 않다. 이곳에서 특별히 사고 싶은 물건이
없다면 쇼핑은 센트럴 마켓으로 미루고 차이나타운의 서쪽에 위치한 '스
리 마리아만 사원(Kuil Sri Maha Mariamman)'으로 이동해 보자. 이곳은
힌두교에서 질병을 치료하는 여신인 '스리 마리아만'을 모시는 사원으로
힌두신을 정교하게 조각한 5층 높이의 탑문 '고푸람'이 입구를 화려하게

장식하고 있다. 입장료는 없으나 안으로 들어가기 위해서는 신발을 벗어 입구에 맡기고 가야 하며 다른 사원들과 마찬가지로 규율에 맞는 복장을 입어야 한다.

　스리 마리아만 사원에서 70m 떨어진 곳에는 화교들이 주로 찾는 도교 사원 '관제묘(Guandi Temple)'가 있다. 이곳은 우리에게 <삼국지>로 잘 알려진 '관우 장군'을 전쟁의 신으로 모시는 곳인데, 입구에 창을 들고 서 있는 관우 동상을 볼 수 있다.

　사원에서 나와 북쪽으로 걸어가면 '센트럴 마켓(Central Market)'이 나온다. 센트럴 마켓은 1888년부터 운영한 오래된 역사를 가진 시장이지 만 내부는 신식으로 꾸며진 2층 건물이라서 일반 쇼핑몰처럼 둘러볼 수 있다. 이곳에서는 주로 의류와 액세서리, 공예품 등을 판매하며 특히 말 레이시아 전통 상품이 많다. 저렴한 액세서리부터 고가의 카펫까지 다양 한 상품들이 있어서 자칫하면 시간이 너무 많이 소요될 수 있으니 구매를 원하는 품목을 정해서 흥정을 해보는 것이 좋다.

　센트럴 마켓에서 만족스러운 쇼핑을 했다면 이번에는 북쪽으로 강변 을 따라 걸어서 '자멕 이슬람 사원(Masjid Jamek)'을 방문해 보도록 하 자. 자멕 이슬람 사원은 쿠알라룸푸르에서 가장 오래된 이슬람 사원으로, 1909년에 건립된 후에 국립 모스크가 생기기 전까지 쿠알라룸푸르 최고 의 이슬람 사원이었다. 이곳은 벽돌로 지어진 최초의 모스크로 영국의 유 명 건축가가 힌두, 이슬람, 영국 문화를 혼합하여 설계했다고 한다. 특히 인도 무굴 양식의 화려한 외관으로 오랫동안 관광객들의 사랑을 한 몸에 받고 있는 상징적인 장소이다. 하지만 이슬람교인 외 방문객들은 정해진 시간에만 입장할 수 있으니 시간과 복장을 확인하고 방문하도록 하자.

자멕 사원에서 나와 더욱 북쪽으로 걸어가다 보면 '리틀인디아(Jalan Masjid India)'를 만나게 된다. 쿠알라룸푸르에서 '리틀인디아'라고 불리는 지역은 두 군데가 있는데 그중에서 정통 리틀인디아는 차이나타운의 남서쪽 브릭필드(Brickfield)이고, 자멕 사원 북쪽에 위치한 이곳은 이슬람교를 믿는 인도인 공동체 지역이라고 한다. 이곳에서는 인도식 길거리 음식과 의류, 잡화 등을 판매하는 재래시장이 있어 다양한 민족의 시장 문화를 경험해 볼 수 있다.

이 도보 코스는 성인 걸음으로 쉬지 않고 걸으면 약 25분이 걸리는 거리이다. 이동 거리는 길지 않지만 무더운 날씨에 아이들과 함께 이곳저곳 구경하며 걸어 다니려면 꽤 난이도 있는 코스가 될 수 있기 때문에, 중간에 카페나 쇼핑몰 등 실내 시설에서 쉬어가며 천천히 이동하는 것을 추천하고 싶다.

EP. 20 가이드북에는 없는
핫플레이스를 찾아서

짧은 여행과 달리 한 달 살기의 장점은 그 도시를 수박의 겉뿐만 아니라 빨갛게 익은 속까지 맛볼 수 있다는 점이다. 즉, 빡빡한 여행 일정으로 와서 유명 관광지만 찍고 다니는 것이 아니라 여유 있고 느긋하게 현지인들이 좋아하는 장소, 요즘 떠오르는 핫플레이스까지도 돌아볼 수 있다는 장점이 있다. 하지만 이것은 혼자 왔을 때의 상황일 뿐, 아이를 동반한 엄마의 시간은 여유도 없고 느긋하지도 않다. 우리는 아이가 학교에 갔을 때 다음 스케줄을 준비하고 세팅하느라 바쁘고, 아이가 오면 보호자 겸 친구의 역할을 수행하느라 정신이 없다. 그렇다고 아이를 재우고 나면 여유로운 저녁 시간을 보낼 수 있는 것도 아니다. 해외 살이의 긴장감과 고단함이 더해져 아이보다 먼저 곯아떨어질 때가 많기 때문이다.

이렇게 시간을 보내다 보니 벌써 한 달 살기도 끝나가는데 막상 나는 짧은 일정으로 여행 온 사람들처럼 유명한 관광지밖에 가본 적이 없었다. 남는 시간을 모두 어린이 놀이 시설에 방문하는 데만 썼으니 어쩌면 당연한 일이었다.

뭔가 아쉬운 마음에 몽키아라에 거주하는 친구에게 물어보니 요즘 차이나타운 남쪽에 '핫플'이 있다며 추천해 줬다. 하지만 그곳을 추천해 준 친구는 일 년이나 이곳에 살고 있으면서도 바쁜 회사 업무로 가본 적이 없다고 했다. 이 기회에 친구와 가보고 싶은 마음이 굴뚝같았지만 시간 맞추기가 쉽지 않아 이번에도 나의 이웃 Y와 함께 요즘 뜨는 핫플 '콰이차이홍(Kwai Chai Hong)'을 방문했다.

페탈링 스트리트를 따라 차이나타운 남쪽으로 내려가면 '귀신이 나오는 뒷골목'이라는 뜻의 콰이차이홍이 나온다. 원래는 차이나타운의 남쪽 마을에 불과했던 이곳이 세련되게 바뀐 지는 2년 정도 되었다고 하는데, 코로나 시기에는 빛을 보지 못했다가 최근 많은 외국인 관광객이 찾고 있는 힙한 장소로 떠오르고 있다고 한다.

콰이차이홍에 들어서자 빨간 치파오를 입은 여인 석상이 우아하면서도 요염하게 앉아 있었고, 우리보다 먼저 온 중국인 관광객들이 이곳에서 사진을 찍으려고 줄을 서고 있었다. 이 석상을 뒤로하고 붉은 등으로 단장한 다리를 건너가니 귀신이 출몰한다는 골목이 나왔다. 사실 중국에는 '귀신 골목'이라는 이름의 관광지가 매우 흔하다. 하지만 이곳의 귀신 골목은 빨간 등으로 장식된 분위기과 고풍스러운 거리 풍경이 중국의 귀신 골목과 비슷했지만, 중국 본토와는 다른 세련미가 있었다. 골목골목 그려진 벽화에서는 마치 <화양연화>의 한 장면처럼 절제된 농염 미가 흘렀고, 홍콩의 뒷골목을 연상시키는 옛날 이발소와 현악기를 연주하는 할아버지 벽화, 그리고 그 골목골목 위치한 초콜릿 가게, 아이스크림 가게, 플랜테리어 카페는 이질적이지만 조화로운 세련미를 내뿜고 있었다.

우리는 콰이차이홍에서 가장 예뻐 보이는 플랜테리어 카페에 앉아 이곳을 둘러싼 푸릇푸릇한 식물들과 거리를 오가는 관광객들을 구경했다. 사실 낮에는 밀려드는 관광객들 때문에 포토존에서 사진을 찍고 예쁜 카페를 구경하는 것밖에 할 일이 없었지만, 저녁이 되면 이곳은 청춘을 즐기려는 20~30대와 데이트족으로 가득 찬다고 한다. 나중에 몽키아라에 사는 친구가 저녁에 이곳을 갔다며 사진을 찍어 보냈는데, 고풍적이면서도 이국적인 신비감이 가득한 분위기였다. 마치 '홍콩의 란콰이퐁' 골목에 중국적인 레트로 감성과 인더스트리얼 스타일을 한 스푼씩 얹은 느낌이랄까.

한번은 현지인들 사이에서 유명한 핫플을 방문해 보고 싶어서 내 현지인 친구인 M에게 질문을 했다. 나는 신입 사원 시절 회사 세미나를 위해 말레이시아를 방문했을 때 M을 처음 만났는데, 그때부터 남달리 자상했던 M은 지금까지도 쿠알라룸푸르를 방문할 때마다 많은 도움을 주고 있는 현지인 친구였다. 이번에 아이와 한 달 살기를 하는 동안에도 M은 주말에 갈만한 장소와 교통 상황에 대한 정보를 알아봐 주고 맛집을 소개해 주는 등 필요할 때마다 적절한 도움을 줬는데, M이 소개해 준 장소마다 매우 만족스러워서 항상 고마운 마음이었다.

내가 현지인만 아는 장소에 가보고 싶다고 말하자 M은 자신이 좋아하는 동네를 보여주겠다며 기꺼이 동행해 줬다. M이 데려간 장소는 '부킷 다만사라(Bukit Damansara)'라는 쿠알라룸푸르의 부촌이었는데 '쿠알라룸푸르의 비벌리힐스'라는 뜻으로 '다만사라 하이츠(Damansara Heights)'로 불린다고 한다. 부킷 다만사라에는 동그란 요새 구조의 상가 건물이 있었는데, 한눈에도 맛집 포스가 느껴지는 카페와 베이커리, 레스토랑이 들어서 있었다.

우리는 M의 최애 베이커리라는 '크로서리(Croisserie Artisan Bakery)'에 들어갔다. 너무 맛있어 보이는 빵이 많아서 잠시 선택 장애에 시달렸지만 가게 이름도 '크로서리'인 만큼 가장 기본적인 크루아상과 커피를 주문하고 M과 테이블에 앉아 그동안 밀렸던 얘기를 나눴다. 그렇게 대화에 집중하던 중에 무심코 입에 넣은 크루아상과 커피가 어찌나 맛있던지, 밥순이였던 내가 빵순이의 마음을 처음으로 이해할 수 있었다.

M과 부킷 다만사라에서 즐거운 대화를 나누고 아이 하원 시간에 맞춰 몽키 아라로 돌아가려고 할 때, M이 집에 가서 아이와 먹으라며 크루아상이 담긴 빵 봉지를 슬며시 내밀었다. 비록 국적도 문화도 다르고 몇 년에 한 번 만나는 사이지만, 오랜만에 만나도 이렇게 서로에게 따스함을 전할 수 있다는 사실이 너무도 감사했다.

마지막으로 소개할 장소는 몽키아라에 사는 친구가 데려간 곳이었다. 몽키아라에서 약 10분 거리에 위치한 '타만 툰쿠(Taman Tunku)'는 요즘 현지인들에게 가장 인기가 많은 맛집이 모여있는 곳이라고 한다. 타만 툰쿠 지역에서 가장 유명한 'The Stories of Taman Tunku' 건물로 가자 정말 관광객은 하나도 없고 데이트를 즐기려는 커플들로 가게마다 문전 성시를 이루고 있었다. 이왕이면 가장 맛있는 집에서 먹어보자며 대기가 가장 긴 '케니 힐스(Kenny Hills Bakers)'에 갔다. 대기 시간이 길어서 아이들이 힘들까 봐 걱정했는데, 아이들은 가게 옆 풀밭에서 뛰어노느라 신이 나서 우리 차례가 왔음에도 들어올 생각을 안 한다.

우리는 가장 대중적인 메뉴인 피자와 피쉬 앤 칩스, 스파게티, 그리고 몇 가지 디저트류를 주문했는데 기다린 시간이 전혀 아깝지 않을 만큼 정말 맛있었다. 사실 나는 입맛이 고급스럽지 못한 데다가 특히 아이와 있을 때는 음식 맛을 잘 못 느끼는 편이어서 '먹는 즐거움이 없는 사람'이었다. 그렇다고 아무거나 맛있다고 후하게 평가하는 편도 아니어서 피자나 스파게티 같은 평범한 음식을 먹고 맛있다고 말해본 적이 거의 없을 정도였는데, 여기에서 먹은 피자는 단연 '인생 피자'였다. 그리고 아이들이 하나씩 고른 달콤한 빵과 케이크도 하나같이 정말 맛있어서 오랜만에

'먹는 즐거움'을 느낄 수 있었다. 얼마나 맛있었는지, 우리는 그다음 날 이곳을 다시 찾아가서 또다시 긴 대기를 기다려 동일한 메뉴를 시켜 먹었다.

우리가 한 달 동안 경험한 쿠알라룸푸르는 정말 속을 알 수 없는 여인 같은 도시였다. 한없이 화려한 줄만 알았는데 그 안에는 깊은 속내가 있었고, 겉으로 보기에는 평범해 보이지만 삶의 경험이 녹아있는 성숙미가 있었다. 그래서 한 겹 한 겹 들여다볼수록 낯선 매력이 넘치는 그런 여인이었다. 우리는 이 작은 도시에서 중국인의 명절과 인도인의 종교 생활, 옛 말레이의 흔적과 현대인의 스마트한 도시 생활까지 모든 걸 경험할 수 있었다.

안전하고 깨끗한 도시, 다채로운 매력이 있는 도시, 쿠알라룸푸르에서의 한 달 살이는 우리 모자에게 따스함으로 기억될 것이다. 그리고 그 따스함을 건네준 사람들, 몽키아라의 친구 가족과 그곳에서 만난 이웃들, 현지인 친구 M에게 감사함을 전하며 진한 추억 가득했던 한 달 동안의 여행 이야기를 여기에서 마무리해 본다.

아이와 함께
쿠알라룸푸르 한 달 살기

발 행 | 2023.6.1
저 자 | 송윤경
펴낸이 | 한건희
펴낸곳 | 주식회사 부크크
출판사등록 | 2014.07.15(제2014-16호)
주 소 | 서울특별시 금천구 가산디지털1로 119 SK트윈타워 A동 305호
전 화 | 1670-8316
이메일 | info@bookk.co.kr

ISBN | 979-11-410-2918-0

www.bookk.co.kr